U0096652

日本海上自衛隊

國家戰略下之角色

趙翊達 著

推薦序

　　作者趙翊達是位極有潛力的青年。與眾不同的是，他既有融入人群的親和力和領導力，又有別於一般看法的獨到思想。這本書便是後者的表現。

　　日本自二次世界大戰後放棄了集體自衛權，明言不以武力解決國際紛爭。於是進入「一國和平主義」的狀態。

　　然而在冷戰終結與第一次波灣戰爭後，這種狀態便面臨嚴峻的考驗。日本國內追求「正常國家」的呼聲越來越高。何況擁有著名「和平憲法」的日本還具有精良的武裝力量。

　　日本海上自衛隊的轉變。究竟，日本近年來的海外派遣活動，是軍國主義的復甦，抑或是符合「正常國家」的行動？

　　一國的軍事指導政策勢必與其最高政治指導政策有所關連。若能夠確實掌握一國的總體政策，則對於該國的軍事政策理應也能有所掌握。趙翊達從總體政策的角度分析了 1990 年代以來海上自衛隊所參與的海外任務，探究派遣之原因、任務和結果，檢驗其內涵與本質。這是一本研究東亞安全有價值的參考書。

淡江大學國際事務與戰略所教授、前國防部副部長　林中斌

日本海上自衛隊：國家戰略下之角色　!!

目　次

圖目次

表目次

緒　論

　　日本的海上自衛隊乃是東亞地區僅次於美國海軍的強大武裝組織。它於 1954 年正式成立，經過五十多年的發展，從最初的只有美國提供的 18 艘中古巡防艦、31 艘登陸艦開始[1]，至今已經成為擁有十六艘潛水艇、五十艘以上的護衛艦，包括五艘服役中的金剛級神盾艦在內的強大海上兵力。

　　而近十年來，我們也常常聽到海上自衛隊派赴海外地區執行任務，或是放寬武器使用的限制，這些任務與立法似乎違反日本過去所奉行的「和平憲法」。究竟，海上自衛隊參與海外活動與防衛政策功能的擴大究竟表示了什麼意義？是否是意味著軍國主義的復甦？還是其只是反映出波灣戰爭後日本國家戰略目標的轉換：追求普通國家？我們要瞭解這些問題，除了要先瞭解日本戰後的防衛政策歷史之外，同時也要瞭解何謂國家戰略。有了這些認識後，本文將試圖回答下列問題：

- 用「追求普通國家[2]」去解釋日本冷戰後軍事轉變是否合理？
- 海上自衛隊在國家戰略下扮演何種角色？又有何種轉變？

---

[1]　学習研究社，《海上自衛隊パーフェクトガイド》（東京：学習研究社，2005年），頁 213。
[2]　「普通國家」為日文漢字用法，中文多用「正常國家」。而本文以普通國家來表示。

● 海上自衛隊的海外派遣活動是否是軍國主義復甦？
● 海上自衛隊與帝國海軍有何差異？

第一節　研究動機與目的

受到戰後風氣的影響，日本一直提倡「一國和平主義」，也就是只管好自己國內的安全即可，無須插手本國以外的國際事件。這種狀況一直到波灣戰爭時，才產生了決定性的轉變。

波灣戰爭時，大多數的國民對自衛隊加入聯軍持反對的態度。但是，日本這種消極應對的方法導致了國際間的責難，於是輿論不得不朝向提供一百三十億美金以及戰爭終了後派遣掃雷艦的方向移動。而掃雷艦的派遣受到國際的稱讚，輿論才多少對在軍事面的國際貢獻上多了幾分寬容[3]。

自此之後在日本政壇的多數黨：自民黨、公民黨和民社黨的聯合之下於 1992 年通過了「國際和平合作法（国際平和協力法，以下簡稱 PKO 法）」，也就是准許讓自衛隊參與國際活動。隨後日本於1992 年派遣自衛隊至柬埔寨、1993 年莫三比克執行修築公路與運輸管理之任務、1996 年於戈蘭高地、2002 年則是於東帝汶。

---

[3]　五百旗頭真編，《戰後日本外交史》（東京：株式会社有斐閣，1999 年），頁 237。

（一）美日安保的演進

　　美日安保起源於 1951 年的冷戰時期，主要立意在於美日雙方共同防衛日本。初期的美日安保條約是以日本負責本土防禦為主，有較大規模的侵略發生時，則依靠美軍的協助。

　　但冷戰結束後的情況，衝擊著長久以來的美日關係。1990 年日本首次在「防衛白書」上刪掉了蘇聯是「潛在威脅」的用詞，另外美國跟日本在經貿上的摩擦加速著美國的「日本威脅論」以及日本的「厭美情緒」[4]。然而到了 1994 年，日本改變態度，在「防衛問題懇談會」向細川首相提出的報告《日本安全保障與防衛力量的應有狀態》中，雖然還是堅持要強化日美軍事同盟關係，但是卻主張要將「多邊安全保障合作」置於「日美安全保障合作」之先，這與之前日本單方受到美國保護不同，強調應該以多極的管道來維持和平。

　　1996 年 4 月，橋本龍太郎與柯林頓共同發表《日米安全保障共同宣言》。此宣言與 60 年代的安全保障宣言不同點在於，過去日本仍然是受到美國的保護，但新安保宣言則是使日本變成有更大獨立性的伙伴關係[5]。此宣言對日美安全保障體制的時代意義、重要作用、涵蓋範圍作了明確的規定，成為「日美安保再定義」的綱領性文件[6]。而這一方面維持了美日關係，另一方面也提高了日本政治地位。

---

[4]　包霞琴，臧志軍主編，《變革中的日本政治與外交》，初版（北京：時事出版社，2003 年），頁 230。

[5]　包霞琴，臧志軍主編，《變革中的日本政治與外交》，頁 226。

[6]　包霞琴，臧志軍主編，《變革中的日本政治與外交》，頁 233。

（二）911 後的轉變

2001 年後，美國發生了 911 事件。9 月 12 日，小泉首相便在首相官邸召開安全保障會議，決定：「強力支持美國，不惜進行必要的援助與協力」。在當天通過的六項政府應對方針中，有三項是和援助美國直接有關的。例如第二項規定：「考慮向美國派遣國際緊急援助隊問題，建立如有邀請立刻能夠對應的體制。」第三項規定：「加強日本國內與美國有關設施的警戒，並根據形勢需要，隨時採取措施」。第五項規定：「與美國為首的有關各國，協力對付國際恐怖活動。」

9 月 13 日，小泉首相與布希總統通電話，表示「要盡可能支援美國的行動」。上述表態，標誌著反恐成為美日同盟的重要內容，在日本的安全戰略中，反對恐怖主義上升到重要地位。

日本由於沒有集體自衛權，法律不准防衛超越日本的範圍，對美國進行援助。為此，10 月 18 日，10 月 29 日，日本分別在眾議院、參議院通過了『反恐特別措施法』、『自衛隊法修正案』、『海上保安廳修正案』替配合美國打擊恐怖活動，提供了法律支持。

與以往的法案相較，最新的法案具備三大特點：[7]（1）取消了海外派兵的區域限制。日本舊有的防衛主要是本土和 1000 海浬海上交通線。1999 年通過的『周邊事態法』考慮對象是「遠東有事」。到了『反恐特別措施法』則將自衛隊的活動範圍擴大到所有國際公海、公海上空和當事國同意的該國領土、領海、和領空。（2）放寬了武器使用的限制。過去日本自衛隊只有在本土被侵略時才有權動

---

[7]　王少普，吳寄南著，《戰後日本防衛研究》（上海：人民出版社，2003 年），頁 388~389。

用武器。1999 年時則放寬了在海外的自衛隊員如果自身安全遇到危
險，有權為了自衛動用武器。新法案規定，從事國際和平合作與後
方勤務支援等活動的自衛隊員在自己的管理範圍內，為保護相關人
員的人身及生命安全，也可動用武器。（3）擴大了日本政府海外派
兵的權限。原來的『周邊事態法』規定日本政府派遣自衛隊出國，
必須事先得到國會同意。而新法卻放寬了這項限制，規定如果需要，
日本政府可以先派遣自衛隊出國，只需在做出派遣決定後 20 天獲得
國會之「事後承認」即可。

（三）令人擔心的軍國主義？

　　由上述的歷史回顧可以看出，日本正不斷地改變其過去「經濟
巨人、政治侏儒」的情況。但這也正是亞洲鄰近國家如韓國、中國
最不想看到的情況。不過仔細想想，日本也是一個經濟大國，其利
益可說是分佈於世界各個地方，如果政府沒有權力去維護它的利益
以及海外僑民的生命，那日本根本就不能算是一個普通國家。加上
全球化的推波助瀾，想要坐在自己國內高唱一國和平主義似乎是不
可能的。

　　我們可以感受到日本近幾年來都拚命地想恢復成一個普通國
家，這似乎也是其最想達到的目標。因此，自關鍵的第一次波灣戰
爭後，日本積極參與國際任務，想增加其對國際穩定貢獻。**尤其是
海上自衛隊的活動更是值得注意，這是因為日本本為島國，其海上
武力除了要維護其海上生命線之外，也是參與國際活動最好的媒介
之一，故觀察海上自衛隊的改變似乎能反映出日本整體思維的變
化**。如 90 年代派遣掃雷艦至波斯灣、阿富汗戰爭遠赴印度洋，近期
甚至要負起日本的彈道飛彈防禦的任務。加上海上自衛隊前身「帝

國海軍」是太平洋戰爭時的主要參戰組織，若能比較雙方的差異，則可以更瞭解日本現在是否真的有可能再度掀起軍國主義的旗幟。

過去日本在明治維新之後，所走的道路是用武力向外發展。但如今時代不同了，在美國主導的國際體系以及普世價值下，以日本現有的軍隊數量與質量來說，較難回復至二戰之前的地位，實行軍國主義。誠如 Chalmers Johnson 所言：「20 世紀 30 年代軍國主義擴張的根源在於明治時期……1945 年之後日本政策惟一重大變化是手段的變化，從軍事手段轉變成經濟手段[8]。」當然，如果視對外經濟投資也是一種軍國主義那也可以，不過這樣就會有點牽強，因為如果對外投資是軍國主義，那麼世界各國不也都成了軍國主義的受害者了？

所以，**本文的研究動機是想用更加理性的觀點去看待日本自第一次波灣戰爭以來十多年來的變化。尤其是 911 後日本搭上美國的反恐列車，怒力地想要爭取國際貢獻、出兵海外的行為。以及在此變化中海上自衛隊有何轉變，其轉變究竟是軍國主義所驅使，還是只是配合政府參與國際事務的政策呢？**而本論文所要採用的觀點就是所謂國家戰略觀點，並以此觀點看待海上自衛隊的重大轉變。

因此本文的研究目的就是要去回答一開頭所提出的四個重要問題。

---

[8] Chalmers Johnson，〈國家和日本大戰略〉，刊於 Richard Rosecrance and Arthur A. Stein 主編，劉東國譯，《大略的國內基礎》（北京：北京大學出版社，2005 年），頁 212。

第二節　研究途徑、方法與架構

　　本小節說明本論文的研究途徑：國家戰略，以及可以補充國家戰略內涵的「總體戰略」途徑。然後則是本論文的研究架構圖。

一、研究途徑

（一）國家戰略

　　國家戰略（National Strategy）一詞乃是由美國人所創造，這個名詞是第二次世界大戰之後的美國新產品，戰前甚至於戰時都不存在。根據美國參謀首長聯席會 1953 年所再版的「美國聯合軍語辭典（Dictionary of U.S. Military Terms for Joint Usage）」對於國家戰略所下的定義如下：「在平時和戰時，發展和使用國家的政治、經濟、心理權力，連同其武裝部隊，以確實達到國家目標的藝術和科學」[9]。

　　該定義說明了國家戰略並非僅限於「戰時」，而是一種平時與戰時都通用的概念。另外，其使用的工具也不只有武裝部隊，還包括了政治、經濟等其他非軍事的手段。簡單的說，為了達到國家目標，國家必須同時使用與協調各方面的權力，這便是國家戰略的概念。

　　然而，國家戰略的理論體系中似乎缺乏更深入的分析與「國家目標」訂定方式的說明。因此，我們有必要藉助法國薄富爾所提出的「總

---

[9]　鈕先鍾，《戰略研究入門》（台北：麥田出版社，1998 年），頁 33。

體戰略」、「戰略金字塔」、「政治診斷」等概念以協助我們進行研究。然而，我們可以發現國家戰略與總體戰略在概念上著實相同，因此在探討理論時有必要將其分開解釋，但在使用上則無須過於拘泥。

（二）總體戰略與戰略金字塔

「總體戰略」（Total strategy）一詞乃是已故戰略大師薄富爾將軍（Andre Beaufre）所首創的名詞[10]。薄富爾在其「戰略緒論」一書中，認為就目標和方法而論，戰略應當做一個單獨的整體來看，但若是談到應用時則又必須加以分項，使每一類的戰略僅是用某一種特殊領域。所以我們是面對著各種不同形式的戰略，它們之間具有差異，但卻又是互相依賴的。我們必須要對他們有明確的瞭解，然後才能將其結合成為一套有協調的行動，並指向一個總目標[11]。

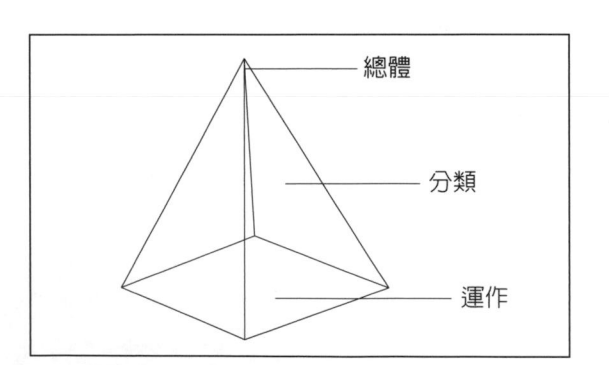

總體

分類

運作

圖 0-1　薄富爾金字塔戰略層面[12]

---

[10]　鈕先鍾，《戰略研究入門》，頁 30

[11]　Andre Beaufre 著，鈕先鍾譯，《戰略緒論》（台北：麥田出版社，1996 年），頁 38。

[12]　鈕先鍾，《戰略研究入門》，頁 39。

以金字塔為比喻，最頂端的就是總體戰略（total strategy），其任務即為決定總體戰爭應如何加以指導，並決定政治、經濟、軍事、外交等方面應該如何配合協調。在總體戰略下每一個領域中（軍事、經濟、外交等）都應有個分類戰略（overall strategy），其任務則是在某一特殊領域內，分配工作並協調各種不同活動。至於更下層，支持每個分類戰略的則是運作戰略（operational strategy），在這個階段中觀念與實踐開始會合，同時也必須根據技術的限制，來調整原有的假想[13]。

（三）總體戰略與政治診斷

不過，戰略畢竟是為了達到某種目標而採取的一系列之手段，而決定此目標的則是政策。因此薄富爾認為政策（或者稱之為高級政治、總體政策（total policy））主要是在選擇目標（end），以及一種架構，在此架構內行動將會被執行（framework within which action will take place）。所以，他所包含的成分絕大多數都是主觀的（subjective）。[14]與此相較，戰略是去執行政策所決定的目標，他是一種推理的過程（result of a process），並且必須以客觀為基礎以及使用戰略的方法[15]。

由此可見，在執行總體戰略之時，必須有個政策為其做指導。而按照薄富爾的架構圖[16]，在決定政策之前，要經過一個政治診斷（political Diagnosis），但這個政治診斷究竟代表什麼意思呢？薄富

---

[13] Beaufre，《戰略緒論》，頁 40。

[14] Andre Beaufre, *Strategy of Action* (New York: Frederick A. Praeger, 1967), P.20.

[15] Beaufre, *Strategy of Action*, 20.

[16] Beaufre, *Strategy of Action*, 99.

爾認為，我們要能夠體察當下時勢的走向，然後得知武力的使用與限制。這樣的體察本質上就是一種政治診斷[17]。

　　政治診斷的產出，在本質上主要包括給予當前情勢（contemporary events）一個解釋（explanation），並且以此為基礎去選擇一個政治目的（political ends）。薄富爾強調，選擇一個理論（theory）作為基礎是一個重要的問題，如果在此方面犯了錯誤，那將會是相當危險的[18]。正如同蘇聯所採用的馬克斯－列寧在東方已經成為一個完整體係的思想一樣，西方國家也需要類似的思考體系。

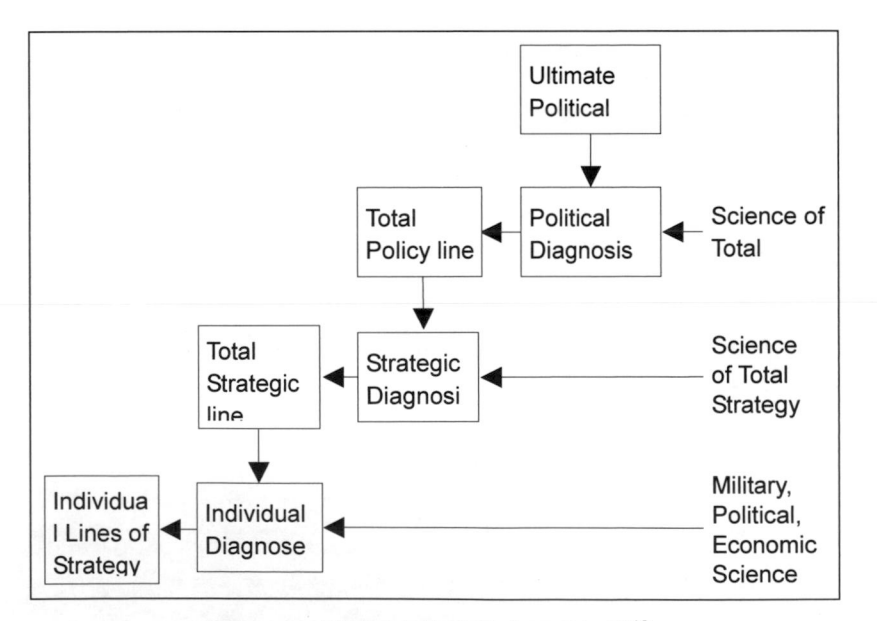

圖 0-2　薄富爾之總體戰略思考架構[19]

[17] Beaufre, *Strategy of Action*, 36
[18] Beaufre, *Strategy of Action*, 37
[19] Beaufre, *Strategy of Action*, 99

　　無獨有偶，薄富爾在『戰略緒論』一書的導言中也提及，造成
當代歐洲的衰弱的其中一項原因就是：缺少一個指導的原則，也就
是哲學。薄富爾感慨的說：「我深信由於缺乏上述兩種（指導的原則
與行動的觀念），所以才使我們經常碰壁。缺乏一種生活方式，一種
哲學，結果使我們隨波逐流，禁不起時代的考驗，每當一種比較具
有活力的哲學思想向我們發動攻擊時，我們便會望風潰敗[20]。」

　　最重要的，薄富爾說：「這些思想本身，並不一定有多大道理，
但是他們在表面上卻能形成一個完整的實體，所以其內容的矛盾反
而顯得不重要。」

　　這一系列的邏輯，我們可以把其做如下整理：我們為了在未來
取得某一種勝利，因此必須要審慎規劃當下的行動。但是行動需要
有一種指導原則，否則只是暴虎馮河。指導原則如何而來？首先必
須要能夠體察當下時事的走向，然後給予此種情勢一個解釋。而解
釋的基礎則是在於一套理論，也就是前述所謂的一種思想。

　　因此，薄富爾認為政治診斷的功能就是在於解釋當下的時事，
它是薄富爾整體思想的一個部分。而解釋的基礎是在於當事者使用
何種思考模式，而那就是會牽扯到「主觀」的成分，也因此政策的
決定才是一種主觀的產物。

　　結合總體戰略金字塔與政治診斷的概念，加以修正後將會產出
本研究主題所使用的金字塔如圖 0-3：

---

[20]　Beaufre，《戰略緒論》，頁 15。

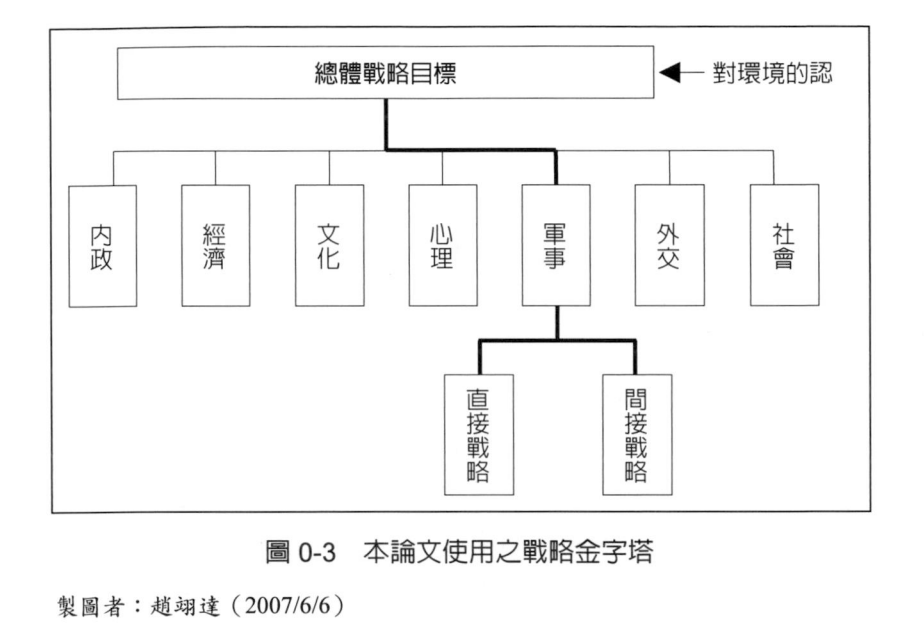

圖 0-3　本論文使用之戰略金字塔

製圖者：趙翊達（2007/6/6）

　　這一概念圖包括了本論文的第三、第四、第五章，而這也是主要的章節。本文的第三章是解釋日本在波灣戰爭後對「國際環境」的新認識，並且假設其追求的總體戰略目標（國家戰略目標）為「追尋普通國家」。在此前提下，本論文著眼在軍事領域方面的改變，因此第四章將探討海上自衛隊在為了達成「總體戰略目標」下，所做的直接戰略貢獻。皆下來的第五章則是探討海上自衛隊在間接戰略領域所做的貢獻。

　　然而在此必須要解釋一下「間接戰略」的定義。按照原本薄富爾指稱的間接戰略，應該是指非軍事方面的領域如外交、政治等。**但是海上自衛隊所從事的「國際貢獻」如：救災、運送臨時屋、PKO部隊輸送等活動，嚴格來說也不算戰爭活動。**因此在這裡特別把它

們列入所謂的「間接戰略」領域，主要就是要強調其「非戰爭」面的特性。

由圖可知總體戰略的觀念是一連串層層相連的關係，下一層次的行動是受到上一層次的指導，而最高層層次的指導，則是來自於對環境之主觀解釋。我們要確定的就是，海上自衛隊的發展，是否是依照日本的總體戰略來執行，而非僅僅是少數軍國主義者的玩物。

二、研究方法

依照方法論（methodology）上的說法，研究途徑與研究方法實為不同的兩物。Delbert C. Miller 在「Handbook of research Design and Social Measurement」一書中即曾指出研究途徑與研究方法的差異。他指出研究者必須先確定要採取哪種途徑後，才能決定選擇所要使用的研究方法。而「所謂研究方法就是只蒐集資料的方法（means of gathering data）。」Vernon Van Dyke 在其所著的 Political Science: A Philosophical Analysis 一書中亦將兩者加以區分。他認為：所謂研究途徑是指選擇問題與運用相關資料的標準（criteria for selecting and utilizing data）[21]。

本文採用的研究方法為文獻分析法。透過各類專書、報紙、雜誌、網路文獻、期刊、研討會論文等各式各樣之文獻的閱讀，加以綜合分析。

---

[21] 轉引自陳雲章，《印度大國戰略之研究》（淡江大學國際事務與戰略研究所，碩士論文，民國 93 年 6 月），頁 5。

　　而研究途徑則是採「國家戰略」途徑，也就是先假設日本最高
政策（其對環境的解釋以及主觀上的判斷）為追求「普通國家化」，
並且以此假設為基礎去解釋海上自衛隊以及防衛政策上的轉變是否
能夠確實反映其最高政策。

三、研究架構

　　本文之研究架構如圖 0-5。

　　在第一章中將對戰略作一個概念界定。平常人論及戰略時總是
容易與軍事結合在一起，但若是有較深入研究的人士的「戰略」卻
不偏限於軍事內，還包括了政治與外交。故在這裡必須要先釐清戰
略一詞的概念與內涵，以及各種名詞如大戰略、國家戰略、總體戰
略之間的差異。

　　第二章則描述海上自衛隊之歷史與過去。第三章開始則進入國
家戰略的範圍，主要是說日本為何不是普通國家、以及為什麼要追
求普通國家，並且假設日本以追求普通國家為國家戰略目標。在假
設了日本是以追求普通國家為目標後，接下來就是要探討海上自衛
隊在這樣的目標下該如何去運作？是否反映出這種改變？所以第四
章主要是分析海上自衛隊在「直接戰略」上面臨的問題與轉變。直
接戰略是純軍事的，也就是部隊的作戰。由於海上自衛隊甚至是自
衛隊本身在純軍事上只有涉入本國的防衛，並無在海外佈署，故其
直接戰略可說是為了國土防衛而生。

　　第五章則描述海上自衛隊在「國際貢獻」上有何貢獻與轉變，
這章屬於間接戰略的部份。如前所述，這些行動並非純粹軍事，但
又是使用軍事力量去執行，其效果卻又是偏向外交、人道等面向，

故將其納入間接戰略的範圍。第六章則分析未來海上自衛隊在直接、間接戰略領域上的有利與不利因素，最後則將比較海上自衛隊與帝國海軍的差異，檢視海上自衛隊是否有如同帝國海軍那樣的背景與政治權力去干涉政治。

第三節　研究限制與範圍

一、研究限制

（一）由外而內的觀點限制

　　本研究主要是由外而內的研究。也就是由所蒐集的文獻資料去假設日本的國家戰略目標為追求普通國家，但是這畢竟是由外人角度來看，而非處在決策中心的日本政治人物的角度。而以一般常識來說，出於各種考慮，當一個國家試圖擺脫一種國家形象而向另外一種國家形象過度時，做為指導這一進程的國家戰略是不會完全公開化的[22]。因此本研究有可能產生有外而內之偏差。

（二）忽略某些戰略要素

　　克勞塞維茨在「戰爭論」一書中曾說明戰略之要素可以分成：精神要素、物質要素、數學要素、地理要素和統計要素[23]。而 Colin S.

---

[22] 李建民，《冷戰後日本的普通國家化與中日關係的發展》（北京：中國社會科學出版社，2005 年），頁 2。

[23] Karl von Clausewitz, 楊南方等譯，《戰爭論》（台北：貓頭鷹出版社，2001年。），頁 138。

Gray 也於「Modern Strategy」一書中提出了戰略的三大類、十七個維度[24]。這些要素或者維度都會影響戰略的制訂與行動。但本文採取總體角度觀點對戰略作解釋，因此對於某些戰略要素將會加以忽略，只從國家戰略的角度出發，以免造成分析上過於複雜。

（三）由部分看整體

本文的主要研究目的中的一項，就是要去瞭解海上自衛隊的海外活動或防衛功能擴大並非出自於軍國主義。但這樣的方式有可能陷入由部分看整體的狀況。簡而言之，就算海上自衛隊的轉變並非出自於軍國主義，但這並不能解釋其他方面如：靖國神社、歷史問題的軍國主義性質。至於這方面是否真有軍國主義復甦的特質，相信以經有其他學者或研究報告可以參考，故在本文中並不涉及該項議題。

二、研究範圍

本論文的研究範圍如圖 0-4：

（一）理論：

本論文使用之理論為戰略領域之理論。

---

[24] Colin S. Gray, *Modern Strategy* (Oxford: Oxford University Press, 1999), P.24.

（二）研究途徑：

　　在許多戰略研究途徑中，本文選擇國家戰略的研究途徑，並且以輔以總體戰略的概念。這是因為國家戰略一詞在接受度上比總體戰略更加普及，但總體戰略的內容與理論性卻較國家戰略完整，加上國家戰略與總體戰略在實際運用上並沒有明顯的差異，故本文以國家戰略為主要途徑，並輔之以總體戰略的內涵。

（三）研究國家：

　　本文選擇日本為主要研究對象。因為日本長期以來所保持之「一國和平主義」在全球化環境的衝擊下，似乎不再適用。加上日本為世界之經濟大國，如何使用政治影響力維持其經濟利益，也是個值得思考的問題。

（四）研究時間時間：1990~2006

　　1990 年第一次波灣戰爭以及冷戰結束的衝擊，促使日本有意放棄「一國和平主義」，積極參與國際事務，進而導致自衛隊在任務上之變化。故選定冷戰後為主要時間範圍。而 911 後日本搭上美國反恐列車，國際體系也隨之而變，同時也提供日本海外派遣的契機，故 911 後亦在本文研究的時間範圍內。

（五）領域：

　　本文主要的研究領域為軍事方面。因為日本自二戰之後受到和平憲法的限制，自衛隊無法在海外從事活動。但在新時代的衝擊下，作為一個想要恢復普通國家地位之經濟大國，參與國際維和任務、

人道救援，或是維護其經濟利益，都勢必要使用到武力。故選擇軍事方面為研究之領域。

　　另外，政治與軍事一向是密不可分的。故本文也會涉入政治之範圍。

（六）研究項目：

　　本文之研究項目為「海上自衛隊」。這是因為在全球化下，海上武力是負擔兵力對外投射之主要媒介。以及日本本為島國，其海上力量佔有主要的地位。另外一國之海上力量不可能不受到防衛政策之影響，故防衛政策也是本文之研究項目。

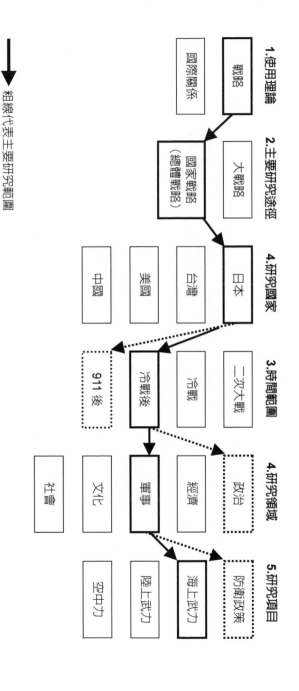

圖 0-4　研究範圍

作者：趙翊達，2007/6/6

粗線代表主要研究範圍
虛線代表次要研究範圍

1.使用理論
戰略
國際關係

2.主要研究途徑
大戰略
國家戰略
（總體戰略）

4.研究國家
日本
台灣
美國
中國

3.時間範圍
二次大戰
冷戰
冷戰後
911 後

4.研究領域
政治
經濟
軍事
文化
社會

5.研究項目
防衛政策
海上武力
陸上武力
空中力

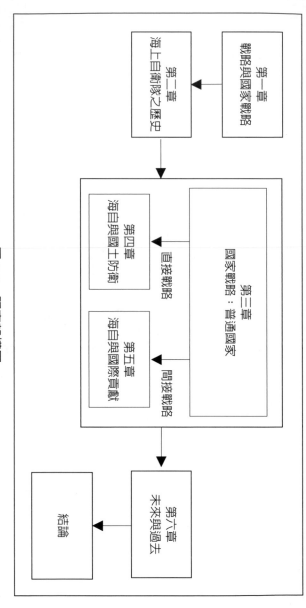

圖 0-5　研究架構圖

（作者：趙翊達，2007/6/6）

第一章　從戰略到國家戰略

　　戰略一詞究竟是起源於何時？其與大戰略、國家戰略之間有何種關連性？而大戰略、總體戰略、國家戰略等名詞又是從何而來的？這些都是本節要討論的主題。

第一節　戰略之定義

　　在使用國家戰略研究途徑之時，必須要了解何謂國家戰略。在使用上我們常常聽到戰略、大戰略、總體戰略等相關名詞，但在詳細的概念上這些名詞有何差異，則比較模糊不清。故有必要先對這一系列之名詞做詳細的說明。

一、戰略（Strategy）之起源

　　戰略（strategy）一詞之起源必須由希臘文開始說起。希臘文一詞 stratēgos 之意義為將軍或是軍事指揮官（military commander）[1]，而動詞 stratēgo 的意思則是意旨「藉由有效率地使用資源去毀滅

---

[1]　http://en.wikipedia.org/wiki/Strategy (2007/5/21)

敵人（Plan the destruction of enemies through effective use of resource）」[2]。進一步衍生後 stratégia 一詞則代表了將軍的職務、地位（office of general）[3]，或是將道（generalship）[4]。由此可知，Strategy 一詞最初乃是有關於軍事方面的用語。

在西方的歷史中，雖然不乏諸多記載戰爭、戰役的相關著作，如希羅多德（Herodotus）所著的「歷史」（Historie）、修昔底德（Thukydides）的「伯羅奔尼撒戰史」（History of the Peloponnesian War），不過這些多是屬於歷史記載，並非特定講述軍事理論的書籍。

真正以軍事為主題的著作，中國以孫子兵法等著作早於西方，而西方世界則以羅馬時代福隆提納（Sextus Iunius Frontinus）的『謀略』（Strategama）、維吉夏斯（Flavius Vegetius Renatus）的『論軍事』（De Re Militari，或譯為『兵法簡述』）為較早的相關軍事著作。根據學者鈕先鍾教授的研究，西方的第一部戰略學著作為拜占庭皇帝毛里斯（Maurice）在西元 580 前後，為教育其將領們而寫的『Strategicon』，其意思為「將軍之學」[5]。其書與智者李奧撰寫的『Tactica』為拜占庭兩大軍事經典。

至於近代所指稱的戰略，則是由法國的梅齊樂（Paul de Maizeroy）所引進。梅齊樂先是分別將『Strategicon』、『Tactica』這兩本著作翻譯為法文，而他又根據這兩本書名創造出「Strategy」與「Tactics」這兩個新名詞，並於 1777 年在自己的著作『戰爭理論』

---

[2]　Jeffery Bracker, "The Historical Development of the Strategic Management Concept," *The Academy of Management Review* 5, no.2 (Apr., 1980): 219.

[3]　清水龍雄，〈戰略学序説Ⅰ〉，《豊橋短期大学研究紀要》，12 期（1995 年），頁 207。http://www2.sozo.ac.jp/pdf/kiyou12/12%20Shimizu.pdf (2007/5/21)

[4]　鈕先鍾，《戰略研究入門》，初版（台北市：麥田出版社，1998 年），頁 12。

[5]　鈕先鍾，《戰略研究入門》，頁 13。

（Théorie de la guerre）一書中首次使用。此即為「戰略」與「戰術」兩個現代軍語的起源[6]。

　　梅齊樂認為戰爭有兩個部份，一個部份是機械的部份，包括部隊的組成和秩序，以及營宿、行軍、運動等，這些是可以從原則中演繹出來，並用規律來教育，此部分稱之為「戰術」。另一部分則相當高深（sublime），只能存在於將軍們的頭腦之中，並隨時間、地點而變化，此部份稱之為「戰略」。梅齊樂並將之定義為「作戰的指導（the conduct of operations）」，其靈感則是來自於毛里斯的書名『Strategicon』[7]。因此，梅齊樂是首位將戰略一詞用來解釋較高層次的戰爭藝術之人[8]。

二、約米尼（Jomini）之定義

　　拿破崙戰爭帶給歐洲軍事研究極大的轉變，並且孕育出兩位至今仍被軍事界研究的戰略思想大師：約米尼與克勞塞維茨。

　　約米尼（Antoine Henri Jomini）為瑞士人，本來只是個銀行員工，從事與軍事毫無關係的工作。十七歲那年投筆從戎，在法國陸軍中找到了一個幕僚性質的職務，但在亞眠合約簽訂後又重返商界，直到戰爭再度爆發，被拿破崙守下大將奈依（Ney）提拔，擔任其參謀長。

---

[6]　鈕先鍾，《西方戰略思想史》，初版（台北市：麥田出版社，1995 年），頁 13。
[7]　鈕先鍾，《西方戰略思想史》，169。
[8]　Carnes Lord, "Dictionnaire de Stratégie (Book)," *Naval War College Review* 56, no. 2 (2003): 162.

　　然而約米尼卻因本身個性過於自負，與周遭的軍人相處不睦，遲遲未獲得更高的官階。最後於 1813 年轉而投效俄軍，做了軍事顧問直到戰爭結束。1860 年病逝於巴黎。

　　約米尼的著作中最有名者為『戰爭藝術（The Art of War）』一書。他將戰爭分成六個不同部分，其中第二部分為戰略，其定義為「在戰場上指揮大軍的藝術（Strategy, or the art of properly directing masses upon the theater of war, either for defense or for invasion.）。」又在其第三章「戰略」中列出了十三項戰略的研究範圍[9]，並且說：「再重複一遍。戰略學是在地圖上進行戰爭的藝術，他所研究的對象是整個戰場（Strategy is the art of making war upon the map, and comprehends the whole theater of operations.）。」

　　由此可看出來，約米尼對於戰略的定義是偏限於戰場，主要是著眼於如何選擇戰場、建立基地、作戰區域……等。故其對戰略的定義，仍然特指在戰爭時期下的戰略。

三、克勞賽維茨（Clausewitz）之定義

　　克勞塞維茨（Carl von Clausewitz）為普魯士出身的職業軍人，但卻不是以戰功名留歷史，而是以其著作『戰爭論（Vom Kriege）』揚名於世。

　　克勞塞維茨十二歲時即加入軍隊，1801 年進入柏林軍官學校，1803 年，他以第一名的成績畢業之後，擔任奧古斯塔（Augustus）

---

[9]　Antoine H. Jomini，鈕先鍾譯，《戰爭藝術》，初版（台北市：麥田出版社，1996 年），頁 71~72。

親王的副官。1806 年參與對法軍大將達浮（Davout）的奧斯塔德（Auerstadt）會戰，在退卻時與奧古斯塔親王同時成為俘虜，一年後被釋放。

1810 年調任柏林軍官學校教官，同時擔任普魯士王儲（後來的威廉四世）的軍事課程。1812 年克勞塞維茨不滿普魯士王臣服於拿破崙的政策，憤而加入俄軍，參加了 1812 年對法的戰役，直到 1814 年拿破崙下台之後才重回普魯士軍隊，而他也參與了 1815 年對拿破崙的最後作戰。

拿破崙戰爭結束後，他於 1818 年擔任柏林軍官學校的校長，致力於撰寫戰爭論一書，然而到了 1830 年，他被調到砲兵部門擔任訓練總監。1831 年擔任格奈森腦元帥（von Gneisenau）的參謀長，不久後因染上霍亂病死於波蘭邊界上。

在『戰爭論』一書中，克勞塞維茨分別定義了戰術與戰略：戰術為在戰鬥中使用軍事力量的理論。戰略為使用戰鬥以達戰爭目的的理論[10]（Tactics is the theory of the use of military forces in combat. Strategy is the theory of the use of combats for the object of the War）。此定義雖明確出了戰略的層級是在戰術之上，但總歸來說仍然是屬於戰爭的領域。

---

[10] Carl von Clausewitz，Roger Ashley Leonard 編，鈕先鍾譯，《戰爭論精華》，初版（台北市：麥田出版社，1999 年），頁 110。

四、李德哈特（Liddel-Hart）之定義

李德哈特（B.H. Lidell-Hart）的時代比約米尼、克勞塞維茨來的晚，是二十世紀前期的戰略思想家。1895 年出生於英國，曾經參加過第一次世界大戰，負傷兩次，其中一次較為嚴重，差點失去生命。1924 年以上尉的身分退役。

戰後，他以戰術家的身份受到重視，年僅 25 歲就被英國政府委任撰寫戰後英軍的步兵訓練手冊。同時也被戰爭辦公室（War Office）指派編輯其官方輕兵器訓練手冊（Small Arms Training）。李德哈特可說是著作等身，專以 1927 年為例，他就在報紙上發表過 140 篇專欄，出版的書籍也多達三十餘種[11]。其著作雖然隨著時間而漸漸遭人遺忘，但其中的『戰略論：間接路線』一書則流傳至今。

在『戰略論』一書中，李德哈特將戰略定義為：「戰略是分配和運用軍事工具，以來達到政策目的的藝術。」並且認為戰略研究不僅限於兵力的調動而且更注意到這種運動的效果，當軍事工具的運用與實際戰鬥結合時，如何處理和控制那些直接行動的方法，就被稱作是「戰術」[12]。

此種定義仍然不脫戰爭的範圍，因為李德哈特在討論到戰略與政策的關係時曾引述毛奇（Helmuth, Graf von Moltke, 1800-1891）對戰略的定義：「戰略就是當一位將軍想達到預定目的時，對於他所可能使用的工具，如何實際應用的方法。」也就是說，這個定義確定了一位軍事指揮官，對於政府所應負的責任－他是受那個政府僱

---

[11] Liddell-Hart，鈕先鍾譯，《戰略論：間接路線》，初版（台北市：麥田出版社，1999 年），頁 469。

[12] Liddell-Hart，《戰略論：間接路線》，頁 404。

用。他的責任即為在指定給他的戰場中，使用分配給他的力量[13]。也就是說，李德哈特所指的戰略，仍然是指在戰爭時期下的戰略。

五、中文「戰略」一詞之由來

「戰略」一詞乃是翻譯自英文的「Strategy」，或是德文的「Strategie」、法文的「Stratégie」。如前所述，自梅齊樂於 1777 年出版『戰爭理論』後，此書便被翻譯成德文與英文，暢銷歐洲，遂使得「Stratégie」這個名詞很快被接受。到了十九世紀，此一名詞（不論是法文、英文、德文）在歐洲成為了通用名詞[14]。

至於中國是在何時才引進「Strategy」，並且將其翻譯為「戰略」呢？學者鈕先鍾指出，此一名詞可能是由日本所引進。他指出，中國是在滿清末年由日本所引進「戰略」這個名詞，不過正確時間已經很難考證。1906 年清朝在北京設立陸軍軍官學堂，是當時軍事教育的最高學府，後改名為陸軍大學。有了這樣的教育單位，自然也會將戰略列入教材[15]。

1908 年雖有任衣洲所翻譯之『戰略學』出版，但原文如何，又是翻譯誰的作品則不得而知。1911 年，又有保定軍官學堂學生潘毅等編譯『大戰學理』一書，是中國最早的翻譯本[16]。而『大戰學理』就是日本人翻譯克勞塞維茨的『戰爭論』時所用的書名。

---

[13] Liddell-Hart，《戰略論：間接路線》，頁 402。
[14] 鈕先鍾，《西方戰略思想史》，頁 169。
[15] 鈕先鍾，《戰略研究入門》，頁 15。
[16] 蘇怡鳴，〈晚清軍校教育與軍事現代化〉，《軍事歷史研究》，第 3 期（1994），頁 120。

　　『大戰學理』一書乃是於 1903 年（明治 36 年）出版，其內容為森鷗外翻譯自德文版『戰爭論』的前兩篇，第三篇之後則是由陸軍士官學校（即軍官學校）所翻譯的法語版結合而成。雖然如此，當初森鷗外翻譯第一、第二篇時，所用的書名為『戰論』，而非『大戰學理』[17]。森鷗外在翻譯德文 Strategie 時，將其翻譯為「戰略」，遂有說法認為最早將其翻譯為「戰略」一詞者乃是森鷗外，但事實上並非如此[18]。

　　早在 1881 年（明治 14 年）日本參謀本部所編的『五國對照兵學字書』中，將 Strategy（Strategie）翻譯為戰略；將 Tactics（Taktik）翻譯為戰術，並且與當時的歐洲一樣，把它們當作軍事用語而加以使用[19]。在此之前，日本也有「戰略」一詞的使用，如江戶時代的兵法家荻生徂徠於 1727 年出版的兵書『鈐錄』中有「戰略卜云ハ合戰ノ方略ナリ」（戰略者，是會戰的方法策略）一文，而更早的山鹿素行（1622~1685）撰寫的軍學書中，也從來自中國的文書中引用「戰略」一詞[20]。

　　至於中國最早使用「戰略」一詞，則是西晉時司馬彪曾以「戰略」為名寫了一本書，但內容已經散佚，鈕先鍾認為從當今的斷簡殘篇來看，其名詞或概念，都非我們當今所使用的「戰略」[21]。然而有論者認為，此司馬彪所著「戰略」一書為中國古代第一部考證

---

[17] 〈森鷗外訳『戰爭論』の底本〉，http://clinamen.ff.tku.ac.jp/Clausewitz/Ougai.html.（2006/10/31）

[18] 清水龍雄，〈戰略学序説 I〉，頁 208。

[19] 見〈経営戰略論の補足資料〉一文，可至 www.ipc.shizuoka.ac.jp/~jeaitou/MI2004-02-c.pdf 下載。（2007/5/21）

[20] 〈経営戰略論の補足資料〉，注 5。

[21] 鈕先鍾，《戰略研究入門》，頁 14。

戰略藝術史證成敗的專著[22]。然該書所指稱之「戰略」,並非現今一般所定義的「戰略」。

戰略的概念當然是自古有之,而且不論是東方還是西方皆有戰略的概念。但是真正要明確將其定義化,則還是自近代科學方法盛行之後才能辦的到。我們當今也查不出司馬彪是否有明確地為戰略下定義,自然不能說『戰略』一書是世界最早的「戰略」專著,更遑論太公之六韜三略了。

簡單來說,西方的戰略一詞起源於希臘語,但是真正確立戰略一詞的定義、通用性則是十八世紀時,由梅齊樂所發揚。之後的歐洲學者如克勞塞維茨與約米尼、李德哈特等雖然也先後為戰略下了定義,但其範圍終究只侷限於戰爭。

至於在東方(指中國、日本),首先單單就「戰略」一詞而言,的確是司馬彪首先使用,但我們不知道他是否有替「戰略」下過精確的定義。之後這個詞彙輾轉流入日本,也被日本的兵學家拿來使用,但其所定義的戰略也與現代使用的戰略有所差異。而正式將Strategy翻譯為「戰略」則是日本在明治時代所公布的『五國對照兵學字書』。

清朝翻譯森鷗外與日本陸軍士官學校的『大戰學理』時,其日文漢字為「戰略」,按照翻譯的便利性來看,中文也應該就順理成章地譯為「戰略」。自此之後,中文的「戰略」與日文「戰略」、英文「Strategy」、德文「Strategie」……等詞,才算是在定義上有了的交集。但我們仍須強調,戰略的概念自古即有,但是其精確的定義,則是近代的事情了。

---

[22] 中華戰略學會,《認識戰略》(台北市:中華戰略學會,1997。),頁123。

第二節　從戰略到大戰略

人類的歷史經過了兩次大戰與冷戰，給予了戰略更廣大的定義。從過去專指戰爭下的戰略，到大戰略、總體戰略，而這些名詞與意義，又有何差別呢？其發展又是如何呢？這便是本小節與下小節的論述重心。

一、大戰略（Grand Strategy）

提到大戰略一詞，多半會令人聯想到英國的李德哈特。學者鈕先鍾認為雖然這個名詞是沿用已久，但過去一直很少人對此作深入的探討，甚至其起源也已不可考，但可以斷言並非李德哈特所創，至少在他之前克勞塞維茨也使用過大戰略一詞[23]。在但是李德哈最大的貢獻的確是他對大戰略觀念的介紹[24]。李德哈特在『戰略論』一書中第十九章「戰略的理論」，就有提出大戰略或高級（Higher）戰略的概念。他認為：

> 所謂大戰略的任務，就是協調和指導一個國家（或是一群國家）的一切力量，使其達到戰爭的政治目的。所以大戰略必須要計算到，並且還要設法發展國家的人力和經濟資源，以來維持作戰的力量。此外，精神上的資源也同樣重

---

[23] 鈕先鍾，《戰略研究入門》，頁 23。
[24] 鈕先鍾，《西方戰略思想史》，頁 477。

要……軍事力量不過是大戰略的各種工具中的一種而已,它
更應該注意運用財政上的壓力,外交上的壓力,商業上的壓
力,甚至於道義上的壓力,以來削弱敵人的意志。……更近
一步說,當戰略的視線是以戰爭「地平線」為界的時候,大
戰略的眼光卻透過了戰爭的限度,而一直看到戰後的和平
上面[25]。

透過這段描述,我們可以知道大戰略的範圍已經超出戰爭本
身,它是在戰略之上,並且指導戰略的分配與應用,而戰略也只是
大戰略下的一種工具。因此,大戰略除了運用軍事力之外,也考慮
了許多非軍事性的因素如經濟、外交、甚至國內政治。雖然如此,
但李德哈特本人所使用的「strategy」一詞,仍然特指軍事戰略,因
此他在『戰略論』一書中又稱軍事戰略為純戰略(pure strategy)[26]。

但如今我們可以發現,當提起戰略一詞時,一般並非指稱單純
的軍事戰略而已,其意義已經延伸到大戰略的範圍了(不過多數民
眾在聽到戰略後,似乎仍然直覺地認為屬於戰爭的範圍。而近年商
業界雖然也使用 Strategy 一詞,但台灣多將其翻譯為「策略」,另中
國與日本則仍然將其翻譯為戰略,並作為商學用語)。

在艾爾(Edward Mead Earle)所編著之『Makers of Modern
Strategy』一書序言中認為,由於戰爭與社會已經變的更加複雜,而
戰爭也包括於社會內(war is an inherent part of society),也因此戰略
不再只是一個戰時的觀念(concept of wartime),而是在任何時刻下
治國之術的內在成分(an inherent element of statecraft at all time)。所

---

[25] Liddell-Hart,《戰略論:間接路線》,頁 405。
[26] Liddell-Hart,《戰略論:間接路線》,頁 406。

以在現代，戰略這個字所意指的是監控與利用一個國家或一群國家的資源（包括軍事力量）以達到有效推進其重大利益與抵抗敵人（不論是實際的、潛在的、或僅僅是假定的）。艾爾認為這種最高層次的戰略（highest strategy，有時也被稱做為大戰略）為了整合一國的政策與軍事，故訴諸於戰爭或是去挑戰戰爭最大的勝利機會，也就顯得不必要[27]。故「Makers of Modern Strategy」一書中所指稱的 Strategy 是採取較廣泛的定義，因而也把亞當‧史密斯（Adam Smith）、恩格斯（Engels）與馬克斯（Marx）等納入書中。

另外，學者葛雷 （Colin S. Gray）雖然採用原「Strategy」一詞，但他也將其意義加以擴大。首先他定義戰略為：「力量的使用以及力量的威脅，以達到政策之目的（the use that is made of force and the threat of force for the ends of policy.）」。並且說他的定義，主要是由修改克勞塞維茨的定義而來[28]。在眾多克勞塞維茨對戰略定義之翻譯中，葛雷所採取的定義，乃是何華德（Howard）與巴瑞特（Paret）所翻譯德文版的戰爭論。

何華德與巴瑞特把克氏對戰略之定義翻譯成下述的英文：

Strategy, the use of engagements for the object of the war[29].

---

[27] Edward Mead Earle, introduce to *Makers of Modern Strategy*, ed., Edward Mead Earle (Princeton: Princeton University Press, 1973), viii.

[28] Colin S. Gray, *Modern Strategy* (New York: Oxford University Press, 1999), 17.

[29] Carl von Clausewitz, *On War*, trans. Michael Howard and Peter Paret (New Jersey: Princeton University Press, 1984), 128.

在此先比較其他學者之翻譯。學者鈕先鐘在其『戰略研究入門』一書中，除了 Howard 之翻譯外，還舉出了格拉漢（Graham）之翻譯：

Strategy is the theory of use of combats for the object of the war[30].

以及阿宏（Raymond Aron）之翻譯：

Strategy is the concept of the use of battles to forward the aim of war[31].

若比照克氏之原始德文：

Die strategie die lehre von gebrauche der gefechte zum zwecke des krieges.

我們可以發現，德文 gefechte 一詞為英語 engagement 之意，而也只有何華德將其翻譯為 engagement，其他二人則直接將其翻譯為 combate 或者 battles。姑且不論何華德的翻譯為何與其他二人有較大的差異，但在葛雷的眼中，既使是他採用了何華德的定義，他也認為克氏對戰略的定義是狹小的，而且還是專注於戰鬥上（His definition has an operational, even battlefield orientation, that suggests a restrictive focus upon combat[32].）。不過，他以克氏的定義為基礎加以修正後，提供我們另一種思考戰略的方法。

---

[30] 鈕先鐘，《戰略研究入門》，頁 18。
[31] 鈕先鐘，《戰略研究入門》，頁 19。
[32] Colin S. Gray, *Modern Strategy*, 17.

　　葛雷認為，若是將 engagements 一詞擴大解釋，則可以如此擴大克氏之定義：戰略是使用有形與無形的威脅，以及實際的會戰或戰役去促進政治目的（strategy is the use of tacit and explicit threats, as well as of actual battles and campaigns, to advance political purpose[33].）。仔細思考之後，可以發現葛雷是將原本 engagements 的範圍擴大為不僅僅是有形的力量，而且還是無形的威脅。加上，克氏本來就宣稱戰爭乃是「政治透過另一種手段的延續[34]」，故戰爭目的自然與政治的目的有關。

　　甚至於葛雷認為，克氏定義的戰略也不一定要侷限於軍事戰略，可以將其修正為大戰略，因此 engagements 將會是為達成治國的目標[35]（objective of statecraft）而使用所有相關行動與威脅。因此我們可以發現，既使葛雷仍然區別出戰略與大戰略的差異，但他對於戰略的定義，卻也較過去純軍事定義的範圍擴大許多，其 engagements 也不僅僅限制於戰鬥之內。

　　保羅・甘迺迪（Paul. Kennedy）在『戰爭與和平的大戰略』一書中指出，當我們的思考層次由戰略提升到大戰略時，就需要考慮一整批在傳統軍事戰略內未曾被考慮過的因素[36]：

　　　1. 經濟因素：大戰略必須要節約使用和調控國家資源，以達到目標與手段之間的平衡。在工業化和技術化戰爭的時代裡，大戰略的經濟成分佔有一個同樣關鍵的位置。

---

[33] Colin S. *Gray, Modern Strategy*, 17.

[34] Carl von Clausewitz，楊南芳等譯，《戰爭論》（台北市：貓頭鷹出版社，2001年），頁 20。

[35] Colin S. *Gray, Modern Strategy*, 17.

[36] Paul Kennedy 編，時殷弘、李慶四譯，《戰爭與和平的大戰略》（北京：世界知識出版社，2005 年），頁 4。

2. 外交因素：外交既在平時，也在戰時有重大作用，用以獲取
　同盟、贏得中立國的支持和減少敵國等。
3. 國內因素：國民士氣和政治文化問題，他不但在戰場上很重
　要，而且在民眾支持戰爭目的和承受戰爭負擔的意願，或者
　承受和平時期龐大國防力量的代價之意願也是很重要的。

　　從李得哈特、艾爾到葛雷、甘迺迪，我們可以發現，戰略進入
二十世紀後，其定義有逐漸擴大的趨勢，也不再單純由軍人所把持。
因為整個時代的改變，單單靠著軍事力量再也無法維持國家的安全
或是達到國家的政治目標，所以對於戰略的研究，勢必要擴及到更
多元、更廣泛的領域。然而除了大戰略的觀念之外，法國的薄富爾
也提出類似大戰略的「總體戰略」觀念。相較於提倡大戰略的學者
們，薄富爾的總體戰略觀念提供了我們更詳盡、更整體的分析架構。
　　總結來說，戰略進入冷戰時代之後，其範圍以及內容均得到擴
大與充實：它再也不是僅止於戰時的產物，手段也不限於軍事，而
概念也被稱為「大戰略」。

第三節　總體戰略與國家戰略

　　本節介紹本論文主要使用的研究途徑：國家戰略，以及能夠補
充其內涵的「總體戰略」。究竟這兩著有何同與不同？在使用上是否
能夠當作同一種工具呢？

一、薄富爾的生平

　　薄富爾是法國出身的戰略思想家。雖說是戰略思想家，但他卻是在退役之後才展開其寫作生涯，誠如學者鈕先鍾所云，薄富爾在戰略思想領域好像一顆彗星一樣地突然出現，光芒萬丈[37]。首先簡介薄富爾的生平。

　　薄富爾（Andre Beaufre, 1902~1975）生於塞納河畔納依（Neuilly），1921 年進入聖西爾（Saint-Cyr）軍校，結識當時任教官的戴高樂（Charles de Gaulle）。自軍校畢業後，到北非阿爾及利亞服役，參加殖民戰爭，身負重傷，癒後進入戰爭學院（Ecole de Guerre）。這個時候他才開始研讀李德哈特的作品，並因此認清戰略研究的重要[38]。

　　戰爭學院畢業後，他又回到了突尼西亞充任隊職，不久便調回法國參謀本部服務，這也是他首次進入參謀本部（1935 年）。1940年五月，德軍開始在西線展開大攻勢，薄富爾在魏甘德將軍的司令部任職。然而思想老舊的法軍不敵德國的裝甲雄師，德軍出其不意地從阿登森林出兵，切斷英法聯軍的後方，聯軍士氣大潰，最後匆忙自敦克爾克撤退，法國也在六月投降。

　　法國投降後，薄富爾追隨戴高樂參加自由法軍，參加了 1942 年的火炬作戰、1943 年的突尼斯戰役、1943-1945 的義大利作戰。二次大戰結束後，薄富爾又參加了 1956 年的蘇黎世運河作戰，並且寫

---

[37] Andre Beaufre，鈕先鐘 譯，《戰略緒論》，初版（台北市：麥田出版社，1996年），頁 181。

[38] Beaufre，《戰略緒論》，頁 180。

了一本非常有價值的書『蘇黎世遠征-1956 年』（The Suez Expedition 1956），並對此次作戰的功過得失做出客觀而深入的分析[39]。

1956-1960 年任職北約法軍總司令和歐洲盟軍最高司令部主管後勤的副司令。1961 年因與戴高樂相處不太愉快，便退為預備役。在退役之後他創立了「法蘭西戰略研究所」並自任所長一職，之後出版了『戰略緒論』（1963）、『嚇阻與戰略』（1964）、『行動戰略』（1966）等著作。1975 年 2 月 12 日在前南斯拉夫巡迴演講途中，因心臟病發，卒於貝爾格來德旅館。

二、總體戰略

人類的歷史進入冷戰後，給戰略研究帶來相當大的影響。誠如薄富爾在「戰略緒論」一書中說的一樣，那個時代的戰爭與和平問題似乎都是以技術為基礎：美蘇間的核子軍備競賽。雖然戰略一詞仍然被人使用，但其意義都已被曲解或誤解，而真正的戰略藝術早就成了肥特烈大帝的鼻煙壺或拿破崙的帽子，無人問津了[40]。

為了重現真正的戰略藝術，薄富爾遂提出了總體戰略的觀念。簡單地說，薄富爾認為物質力量在雙方對抗之時雖然重要，但是卻不是一個必要的獨占。武裝力量的使用與控制並非唯一能夠影響敵人意志的因素，其他的如經濟、外交、宣傳等手法，也具有影響敵人的效用－有時其效果還超過武裝力量。也因此，戰略的任務就是

---

[39] 常鳳台，《薄富爾戰略思想之研究》（碩士論文，私立淡江大學戰略研究所，民國 93 年），頁 30。

[40] Beaufre，《戰略緒論》，頁 13。

去確保各種手段（means）能同時地被採用，而手段之間是具有一致性、相輔相成的[41]。

也就是說，在兩個意志之對抗時，雙方所採取的手段應該更加廣泛，而非僅僅採用軍事之力量。這樣的概念與大戰略有相似之處，也因此我們可以認為兩者在層級上應屬於同一層級，都具有整合國家所有軍事與非軍事的資源以達到國家政策的概念。

除了總體戰略的概念之外，薄富爾也說明了政策與戰略的相異之處。他認為政策是包含了目標的選擇（choice of ends）以及行動的框架（framework within which actions will take place）。這是一種主觀的行為。而政策的執行，則必須是理性的，它是一種客觀的行為，並且是戰略方法的產物[42]。由此可知，戰略並不會去支配政策，反而是受到政策的支配，所以即使是總體戰略，它仍然是替政策服務。

圖 1-1 試著以圖形表薄富爾在「戰略緒論」一書中的戰略之本質、分項：

簡單的說，薄富爾的戰略思想可略分為戰略的本質與應用。薄富爾說：「若就目標和方法而論，戰略應當作一個單獨的整體來看待，但是若談到應用時，則又必須再加以分項，以一類的戰略僅適用某一種特殊領域[43]。」所謂單獨的整體，即是圖一中的左半部，它屬於形而上的思考過程。而圖中的右半部，則是戰略的應用，也

[41] Edward A. Kolodziej, "French Strategy Emergent: General Andre Beaufre: A Critique," *World Politics* 19, no.3 (Apr 1967): 418-419.

[42] Andre Beaufre, *Strategy of Action*, trans. R.H. Barry (New York: Frederick A. Praeger, 1967), 20.

[43] Andre Beaufre，《戰略緒論》，頁 38。

就是所謂的戰略金字塔。在金字塔內的每一種戰略，其思考方式必須要與左半部的方法相呼應。

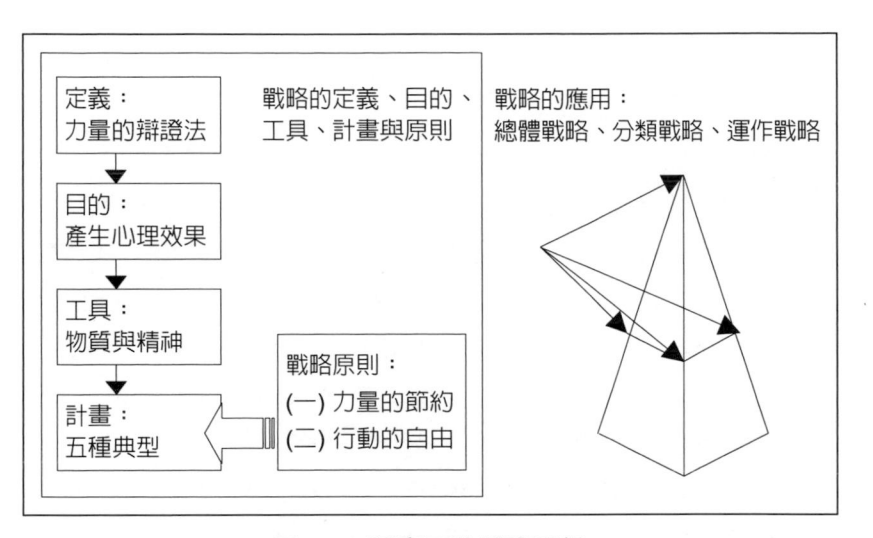

圖 1-1　薄富爾的戰略思想

我們分成五個部份討論圖 1-1 左方的概念：

1、薄富爾對戰略的定義

薄富爾在『戰略緒論』中對於「戰略」所下的定義是：「**兩個對立的意志使用力量以來解決其爭執時，所用的辯證法藝術。**」而令人趕到訝異的是，他於『行動戰略』一書中對總體戰略的定義竟然與戰略採取相同的定義[44]。而也可從這裡看出在薄富爾的觀念中，戰略是一個普遍通用的概念與思考方法（圖

---

[44] Beaufre, *Strategy of Action*, 103.

1-1 左方），而其運用在各種領域時，就依照這套思考方法去解
決各領域問題（圖 1-1 右方）。這個定義顯得相當地廣泛與抽象。
它不套上什麼會戰、武裝力量等比較實體的概念，也不說明戰
略是平時或是戰時的產物，而且指出了戰略是「兩個對立意志」
之間的「辯證藝術」。

2、戰略之目的

　　薄富爾認為，戰略的目的無他，最主要就是讓敵人能夠接
受我方加諸於他身上的條件。在這樣的意志辯證法中，唯有當
敵人已經產生了某種「心理效果（Phychological effect）」時，
然後才能算是已經獲得了一個決定（decision），也就是說他已
經深信在發動或繼續鬥爭都是無用的了[45]。

　　至於如何獲得這樣的決定，一如薄富爾的思想，採用的方
法可以是軍事的，自然也可以是非軍事的，於是他說：「所謂獲
得決定者，就是必須首先創造出一種情況，然後加以擴張，以
使敵人的精神產生足夠的崩潰，足以使他接受我們所想要強加
在他身上的條件。這也就是對立意志辯證法中的基本原則[46]。」

3、戰略的工具

　　既然知道戰略的目的是為了產生一種決定性的精神崩潰，
因此我們就必須要去找出最適合的工具以達成我們的目標。薄
富爾認為，這些工具包括了物質與精神，其範圍可以從核子轟

---

[45] Beaufre，《戰略緒論》，頁 28。
[46] Beaufre，《戰略緒論》，頁 29。

炸到貿易協定為止。因此在選擇工具時，我們必須要清楚地了
解敵人的弱點與我們的能力，找到那些我們現在可以使用，並
且是可以產生我們所想要之決定的工具[47]。

4、戰略之計畫

　　在規劃戰略計畫之時，我們應當注意這是一種辯證過程，
因為敵方也有其思考能力。在考慮到敵我雙方資源、時間、與
能力與目標的重要性後薄富爾提出了五種戰略計畫典型，但他
也強調這五種典型只是具有代表性而已，並非認為戰略就僅有
此五種典型而已[48]：

● 直接威脅（the direct threat）

　　當目標只有輕微重要性，但我方有強大的資源時，則可
以使用這些資源作為威脅，迫使他放棄或接受我方之條件。

● 間接壓迫（the indirect pressure）

　　當目標只有輕微重要性，但我方資源不那麼適當，則必
須要採取比較陰的行動，有可能是政治的、經濟的、或是外
交的，當行動自由受到限制時，則可採用此方法。

● 蠶食的程序（nibbling process）

　　當目標具有重大重要性，但行動自由與資源都有所限制
時，則必須採取時間較長、並且一連串的連續行動。這些行
動是直接或間接壓迫交叉使用，有時也可採取適當的軍事行
動，如希特勒於 1936~1939 年間的行動。

---

[47] Beaufre，《戰略緒論》，頁 29-30。
[48] Beaufre，《戰略緒論》，頁 31-16。

● 長期鬥爭（a protracted struggle）

　　當行動自由很大，目標很重要，但所擁有的資源卻不足以獲致決定性時，則採長期鬥爭。這種鬥爭方式的代表為游擊戰或是毛澤東的人民戰爭，薄富爾又稱其為「腐蝕」（erosion）的程式。

● 以軍事勝利為目標的暴力衝突（violent confict aiming at military victory）

　　最後，當目標很重要，本身的軍事力量又很充足時，則可以採用直接的軍事手段以求取決定，這也是所謂的傳統軍事戰略。

　　上述五種之中，薄富爾又將第一、第五種稱之為直接戰略，因為在那種典型中軍事成分較多，第二、第四稱為間接戰略，因為它們主要是依賴非軍事的成分較多。而第三種則包括了直接與間接戰略。所以薄富爾說，戰略的進行也如音樂一樣，可以是「大調（major key）」也可以是「小調（minor key）」[49]。

5、戰略之原則

　　在執行戰略時，薄富爾認為有兩種原則必須要加以注意。其一為「力量的節約」、其二為「行動的自由」。

　　不過，這兩個原則卻是相輔相成的。薄富爾認為，當我方的資源相當巨大時，則自然擁有較多的行動自由。但是在一般的情況下，我方的資源通常是有限的。於是我們就必須去思考

---

[49] Beaufre，《戰略緒論》，頁 58-59。

該如何去節約我方的力量：一方面保護自己不受敵方準備動作的妨礙，另一方面又要執行自己的準備動作和決定性打擊。此即為「力量的節約」。而正式合理的力量節約，才能達到「行動自由」。也因此我方在執行戰略時，必須要去思考採用何種方法才能達到力量節約與行動自由[50]。

圖的右半邊是總體戰略概念圖，就如同金字塔一樣，它必須驅動一國內所有可運用的資源與方法（包括軍事武力、政治、輿論、心理……等）去達到最高政策所指定的目標。這個金字塔的重點在於確保每個行動（軍事、外交、經濟……等）都能夠同時指向政策所訂定的目標，同時互相協調與支援。而在各種戰略執行時，他們雖然面臨不同領域，但是戰略思考的方法卻是不會改變，各領域的戰略都是一種與敵人相互辯證的藝術，也都必須要節約力量以獲致行動自由。

而本論文的目的就是這樣的角度去檢驗日本海上自衛隊近年來的發展，是否是屬於其總體或國家戰略下的一環？是否與政策目標有所聯結？亦或者是二戰軍國主義的復甦，準備侵略中國、韓國、台灣等地？

三、政治診斷

既然總體戰略也是為政策服務的，則當我們欲瞭解其總體戰略時，也就自然要去瞭解其政策為何。

---

[50] Beaufre，《戰略緒論》，頁 64。

　　我們已經在緒論時說明了政治診斷的功能：他給予當前情況一個解釋，並以此解釋為基礎去判斷其「政治目標」的選擇。雖然政治目標的選擇有時依靠政治家曖昧不明的想法以及國家自身的反射動作便足以應付這個問題。但是身為一個戰略家則必須要計算他的行動，必須要儘可能地完成一個政治診斷[51]。

　　政治診斷究竟該如何進行呢？薄富爾藉由提出了四個問題，這四個問題可以幫助我們了解當前的情勢，以及我們該如何面對未來[52]：

　　1. 二十世紀的歐洲為何以及如何會崩潰？

　　2. 當今的情勢該如何特徵化（characterized）？

　　3. 什麼樣的危機是我們要避免的？

　　4. 我們應當追求怎麼樣的未來？

　　這四個問題明顯地不能完全套用在所有國家的政治診斷，但是這也只是薄富爾提供的一種範例而已，我們可以依照自己像要研究的對象而加以修正。雖然薄富爾說也許有人會認為這種作法太天真了，但是他認為若不先去了解這些問題中所隱含的麻煩就採取行動，才是更天真的想法[53]。

　　透過這四個問題，可讓我們了解當下的情勢的形成原因（過去），以及當下情勢的特徵（現在），以及一個國家究竟要追求什麼樣的未來（未來）。雖然表面上我們很容易認為了解過去、現在、以及追尋未來是很重要的概念，但是正所謂知易行難，這些概念就

---

[51] Bearufre, *Strategy of Action*, 37.

[52] Bearufre, *Strategy of Action*, 38.

[53] Bearufre, *Strategy of Action*, 38.

算套用在我們個人身上也不見得有人願意去思考自己過去、現在與未來。

本論文也會使用政治診斷的概念，但方法上卻有異於薄富爾。我們已於緒章時討論過，政治診斷乃是給予當前情勢（contemporary events）一個解釋（explanation），並且以此為基礎去選擇一個政治目的（political ends）。因此，本論文假設日本的國家戰略目標為追求普通國家，並且將試著去解釋為何日本要追求普通國家。而第四、第五章將實際檢視海上自衛隊的活動是否與其國家戰略目標有關？

薄富爾乃是法國出身的戰略思想家，其前半生穿梭於戎馬之間，但其後半生卻進入思想之領域，以其本身經歷法國在二戰與殖民戰爭的失敗經驗，焠鍊出其獨特的戰略思想。

在他的定義中，不論所處理的問題層次、領域為何，戰略都是一種辯證的思考方法，而非一種固定教條。而其所提出之總體戰略告訴我們，國家之政策與戰略行動必須緊密連結，同時戰略行動也不限於軍事而已，也包括非軍事的政治、外交、經濟等，該使用何種方式完全是依照當時的情況。但重點在於這些手段要能相互配合，以達到國家之政策目標。

一國的政策目標必須要經過政治診斷，了解當今環境之過去、現在以及應當追尋怎樣的未來後，才能找出最適當的政策目標，才能展開總體戰略行動。

四、國家戰略

國家戰略是本論文分析的角度，也就是在國家戰略目標之下，軍事活動是受到該國家戰略所指導，而不是由軍事指導政治。國家

戰略一詞是由美國人所創造，除了緒章所提及 1953 年之定義之外，1979 年美國國防部所出版的 Dictionary of Military and Associated Terms 又做了比較簡明的定義：「在平時和戰時，發展和應用政治、經濟、心理、軍事權力以達到國家目標的藝術和科學」。學者鈕先鍾認為此定義較簡明也較適當，因為 1953 年版本指稱的「武裝部隊（armed forces）」只是「軍事權力（military power）」的一部份[54]。

　　從這種定義上來看，其本質與總體戰略是一致的。薄富爾的總體戰略中，強調「辯證」的藝術，也就是說必須要與「某個」實體互相對抗，並且產生「心理上的決定」。若拿本論文的主題來看，則便是「希望日本成為普通國家」與「反對日本成為普通國家」這兩個意志的對抗，所以日本的軍事、外交等領域在這樣的意志對抗下，必須要做出某種行動以期能夠達到總體戰略目標→成為普通國家（反過來說，就是迫使「反對」的意志放棄抵抗）。由這樣的解釋來看，著實與國家戰略相差不遠。

　　因此，在這裡我們為了使用上的方便，便把總體戰略與國家戰略視為一樣的概念。但是在名詞上我們仍然使用國家戰略一詞，主要是為了溝通上的方便。由於國內在使用上多半承襲美國的用法，故國家戰略一詞實乃比較普及的用詞。但我們仍必須瞭解，戰略、大戰略、國家戰略、總體戰略四個名詞之間，若依照其定義是多少有差異存在，但由於使用日久，這些差異也就不太受到重視，於是這些名詞幾乎變成了同義詞[55]。

---

[54] 鈕先鍾，《戰略研究入門》，頁 30-31。
[55] 鈕先鍾，《戰略研究入門》，頁 40。

　　替本論文的研究途徑作一簡單的描述：本論文主要採用國家戰略的角度去思考海上自衛隊冷戰後的轉變，究竟意味著什麼意義。而我們假設日本的國家戰略目標乃是追求普通國家，並試圖以該假設去探討海上自衛隊的行動，是否能反映出這種轉變？或是一般人所高唱的「軍國主義復甦」？

　　不過我們還是必須注意「日本政府實際上的國家戰略究竟是什麼」這個問題。如同先前所提到的，本文假設的觀點是由外而內，實際上日本政府在想什麼、做什麼，也只有他們自己最清楚。甚至，日本前首相中曾根康弘也表示過，日本在傳統上就是不善於制訂國家戰略的國家[56]。然而本文只是試圖將「追求普通國家」當成當下日本的國家戰略目標，並且以此作為解釋海上自衛隊轉變的研究途徑。

　　總結來說，國家戰略與總體戰略在名詞上以及細微的概念上有所不同，但實際上兩個名詞之間所代表的思考方式其實是一致的，因此在使用上也就不用特地將其分開。

---

[56] 中曾根康弘著，聯慧譯，《日本二十一世紀的國家戰略》（海口：海南出版社，2004 年 3 月），頁 1。

第二章　海上自衛隊的歷史

　　自 1954 年以來，海上自衛隊已經成軍有五十多年的歷史。但海上自衛隊並非從 1954 年才開始運行，它的前身包括了「海上警備隊」、「警備隊」，也曾經隸屬過「海上保安廳」、「保安廳」等單位。而我們也可以發現，海上自衛隊軍艦旗仍然採用與舊帝國海軍相同的旗子，究竟海上自衛隊最初是如何成立？其與舊帝國海軍又有何種關聯呢？這五十年之間又經過怎樣的改變與現代化呢？

第一節　草創期：1948~1954

　　二戰結束不久後，日本究竟是如何重新獲得過去的敵手美國的信任，重新建立起海上武力？

一、掃雷任務

　　二次世界大戰結束後不久，當時的海軍大臣米內光政召集了當時的海軍軍務局長保科善四郎，希望保科能夠負起戰後日本海軍的

再建、在新日本建設上海軍技術的活用以及向後進傳授傳統海軍的
美德之責任[1]。

　　保科在接受這個任務後，邀請了與美國海軍將領私交甚好的舊
海軍上將野村吉三郎協助。野村吉三郎曾經於 1901 年為了接收由
英國製造的戰艦三笠號而前往英國，之後又曾擔任駐美大使，參加
過巴黎和會以及華盛頓海軍會議，並且與羅斯福等政治人物有所往
來[2]。

　　雖然舊帝國海軍因為戰敗而導致解散，海軍省也改為第二復員
省，負責處理舊海軍的船艦，人員等退役之工作，海軍重建的工作
可說是遙遙無期，但保科與野村等人卻仍然私下秘密地計畫與討論
相關事宜，等待未知的機會來臨。

　　一直到 1950 年的韓戰爆發時，這個機會才正式的向他們招手。

　　戰後日本漁船在朝鮮海域、東海等地被韓國、中國與蘇聯追捕
的事件，以及由朝鮮半島偷渡的不法入國者等問題急速地增加，所
以海防問題成了當務之急。盟軍最高司令部（GHQ）與日本政府接
受了美國海岸警備隊的建議，決定設立日本自己的海岸警備隊。1947
年八月，原本隸屬於第二復員局（原本的第二復員省，後來與第一
復員省合併納入復員省之下，更名為第二復員局）的 28 艘舊帝國海
軍驅潛特務艇轉隸於運輸省之下。1948 年 5 月 1 日，海上保安廳作
為運輸省的外局正式成立，負責日本的沿岸警備、船舶安全、海難
救助與偷渡的防止等業務。

---

[1]　增田弘，《自衛隊の誕生－日本の再軍備とアメリカ》（東京都：中央公論新
　　社，2004 年），頁 104。

[2]　http://ja.wikipedia.org/wiki/%E9%87%8E%E6%9D%91%E5%90%89%E4%B8%
　　89%E9%83%8E (2007/5/22)

　　雖然初代的海上保安廳長官大久保武雄認為海上保安廳的建立是「日本海軍再建的契機」，但是事實上並非如此，真正的契機應該還是源自於韓戰的爆發，海上保安廳因應美國要求而派出的掃雷部隊的大活躍[3]。

　　1950 年韓戰爆發，九月盟軍成功地進行了仁川的登陸作戰後，便預定展開在東岸的元山登陸作戰。不過，若是要展開登陸作戰，勢必要先將當地的水雷加以清除，但當時美國遠東海軍的掃雷部隊不到十艘船艦，又不能立即向國內取得增援，故遠東海軍司令官喬伊中將（C. Turner Joy）的副參謀長柏克少將（Arleigh Albert Burke）認為登陸作戰有難行之處。但麥克阿瑟仍然決定實行。

　　在這樣的情況下，柏克只好找日本海上保安廳的大久保長官，希望海保能夠支援美軍作戰，不過這樣的行為有違反日本憲法的嫌疑。雖然日方感到躊躇，但首相吉田茂仍然決定讓大久保派遣海保的掃雷部隊前往執行任務，當然這是當時的最高機密[4]。

　　事實上，舊日本海軍的掃雷部隊並沒有隨著戰爭結束而解散。早在終戰後的 1945 年 9 月 18 日，舊海軍省軍務局就新設了掃海部（掃雷部），並且於 1945 年 10 月 21 日納入美軍第 52 機動部隊的指揮，負責掃除 10700 個戰時美軍為了封鎖而鋪設的感應水雷以及日本本身為了防衛而鋪設之 55000 個繫留水雷[5]。也因此，日本才能保留其掃雷的能力與經驗，幫助美軍對朝鮮的反攻。

---

[3]　增田弘，《自衛隊の誕生》，頁 106。

[4]　增田弘，《自衛隊の誕生》，頁 109.

[5]　〈朝鮮戰爭における対機雷戰〉，http://www.dii.jda.go.jp/msdf/mf/special4.htm.（2007/5/22）

　　協助美軍元山登陸作戰的掃雷部隊由海上保安廳航路開啟本部長的田村久三率領，共有 46 艘掃海艇以及大型試航船、1200 名相關人員參加本次任務。自 1950 年 10 月 2 日起到 12 月 12 日之間，雖然成功地執行了掃雷任務，但也損失了兩艘掃海艇，以及一人陣亡、八人受傷。不過最重要的是，這使得美國遠東艦隊對於舊日本海軍相關人員產生了高評價，除了喬伊司令官的讚賞之外，柏克副參謀長也對其活躍感到深刻，從此成為了海上自衛隊誕生的最大支援者[6]。

二、野村機關

　　柏克在 1950 年九月的時候，就對海上保安廳長官大久保善雄提起是否有意願接受美國在戰時借貸給蘇聯，如今已返還的十八艘巡防艦。而柏克在與野村吉三郎親交之後，除了上述的巡防艦之外，也與野村討論正式再軍備日本海軍的話題。受到柏克激勵的野村，便打算將思考已久的海軍再建計畫加速推動。他於 1951 年 1 月 21 日訪問了喬伊司令官，除了討論艦艇貸予的事情外，還將去年十月完成的關於海軍再建的「研究資料」提出。喬伊司令官除了讚賞之外，便建議野村找柏克副參謀長相談。於是同月 23 日，保科善四郎將研究資料以及追加意見提交給柏克[7]。24 日，為了重建日本海上力量的機構「新海軍再建研究」（也就是野村機關）宣告成立。

---

[6]　增田弘，《自衛隊の誕生》，頁 110。
[7]　增田弘，《自衛隊の誕生》，頁 116。

這兩次的報告都詳細地規劃出日本最終需要建立三十萬噸的海軍，以及其詳細兵力配置。而柏克雖然相當讚賞這些計畫與資料，但他認為當下與其探討實質的兵力問題，倒不如去研究為何日本需要海空軍的理由。於是，野村機關便於 1 月 29 日對柏克提出「關於日本安全保障之私人看法」報告。

此報告主要有：1.日本自大戰結束後五年，逐漸地喪失獨立自主的精神，並且逐漸地沉淪於無事主義（事なかれ主義），因此有必要振奮國民的精神。2.戰後日本受到在日朝鮮人以及日本共產黨等紅色暴力黨的威脅，以及蘇聯、「中共」的侵略危機。3.如果美軍緊急撤出日本，則日本可能連應付小規模入侵的能力都沒有……等觀點[8]，所以認為日本的確有再軍備的必要性。

柏克除了聽取野村等人的意見之外，並且也將這些意見報告給美國海軍作戰部長薛曼（Forrest P. Sherman）。薛曼同意如果日本政府採用了野村與柏克的計畫時，他將會大力支持與協助。知道了這件事情的野村，也於 2 月 7 日將此份「新海軍再建研究案」提交給日本首相吉田茂[9]。由此我們可以看見，海上自衛隊再建的過程中，是由舊帝國海軍人士與美國海軍聯合推動的產物。或許舊海軍人士認為唯有與美國合作才能重建日本的海上防衛力量，因此當初保科善四郎對柏克提起海軍重建方案認為這個新海軍將會是「協助美國海軍的客體」。而野村與美國總統特使杜勒斯會談時也說「最重要的基礎是美日的軍事同盟」。因此他們的目標就是建立一個能在美日同盟下與美軍合作的新海軍[10]。

---

[8] 增田弘，《自衛隊の誕生》，頁 118。
[9] 增田弘，《自衛隊の誕生》，頁 121。
[10] 佐道明広，《戰後政治と自衛隊》（東京都：吉川弘文館，2006 年），頁 36。

三、從 Y 委員會到海上警備隊

　　隨著野村機關的努力，美國當局也開始注意日本海軍重建的問題。1951 年 2 月 23 日 GHQ 向當時的第二復員局殘務處理部要求「關於舊帝國海軍人員以及再動員之研究資料」，明顯地是對日本回覆獨立後海軍再建而要求相關資料。野村機關於 3 月 17 日提出相關報告，推定可以動員配置的人數約為 125 萬人。除了 GHQ 之外，柏克也向野村機關請求有關「船舶的護衛、掃雷、警戒、漁船的保護」等相關資料。4 月 10 日，野村機關以此作出「第二次研究資料」，此資料成為之後的 Y 委員會在海軍重建上之主軸，提示了重要的基本方針。此資料認為，重建後的日本海軍機構應該以「海空軍」為母體，而此機構成立後應當解散現有的海上保安廳，並且納入海保舊有相關業務。4 月 18 日，野村與保科分別將上述「第二次研究資料」交給喬伊與柏克，4 月 22 日、柏克則將這份資料加上七頁的文件送與薛曼海軍作戰部長。由於柏克對美國的工作，始得過去只重視日本陸上防衛的華盛頓當局，也漸漸將注意力轉向日本的海上，開始重視海上部隊的發展[11]。

　　到了 4 月 22 日，JCS 對遠東軍司令官李奇威（Ridgway）提出對於日本沿岸警備等地，有必要使用到巡邏用艦艇，以及對於日本的防衛、國內治安能力等觀點來看，要早點加速日本艦艇武裝化之課題。結果到了 8 月 14 日，薛曼海軍部長同意了 JCS 1380/115 號文書（主題「日本艦艇的武裝化」），實質上決定了借貸給日本由蘇聯返還的 10(之後共 18 隻)PF 艦，以及 50 艘大型陸上支援艦(LSSL)。

---

[11] 增田弘，《自衛隊の誕生》，頁 127。

10 月 19 日，李奇威向吉田茂傳達共 68 艘艦艇貸與的決定[12]，並且於一年後的 1952 年 11 月 12 日正式簽定「日美船舶貸借協定」[13]。

　　1951 年 10 月 31 日，為了討論這些即將被借貸的艦艇之使用與管理，設置了「日美聯合研究委員會（日米合同研究委員會）」，也就是所謂的 Y 委員會。之所以稱為 Y 委員會是因為過去舊軍部將 A 代稱為陸軍，B 代稱為海軍，C 則意指民間，而將此英文字母從後面數來，則用倒數第二個 Y 來代稱此委員會[14]。

　　Y 委員會的日本側包括了八名舊海軍相關者，以及三名海上保安廳相關者。雙方對於未來接收美軍艦艇的新機構最大的爭議在於：究竟是要隸屬於現有的海上保安廳之下，還是另成立一個新的獨立組織。雖然舊海軍方面以及海保方面經過不斷地爭辯，最後仍然僵持不下。於是決定讓美國遠東海軍去裁定。結果，美國遠東海軍認為成立一個新的機構較佳[15]。

　　另一方面，若是成立一個新的組織，則現有的海上保安廳法則必須改正。1952 年 3 月 11 日於閣僚懇談會敲定改正法案，4 月 22 日此改正法案於參議院通過，23 日於眾議院通過，於 26 日正式公佈實施，正式在海上保安廳內成立「海上警備隊」。不過就在三個月後，海上警備隊自海上保安廳獨立出來，改名「警備隊」，與陸上自衛隊的前身「警察預備隊」一同置於新成立的「保安廳」之下。雖

---

[12]　增田弘，《自衛隊の誕生》，頁 127~128。

[13]　此協定可參照：http://www.ioc.u-tokyo.ac.jp/~worldjpn/documents/texts/JPUS/ 19521112.T1J.html (2007/5/22)

[14]　佐道明広，《戰後政治と自衛隊》，頁 37。

[15]　增田弘，《自衛隊の誕生》，頁 133。

然海上自衛隊這一名稱是於 1954 年才正式採用的，但一般公認海上自衛隊的誕生日應該是 1952 年的 4 月 26 日，海上警備隊成立之時。

四、從警備隊到海上自衛隊

1952 年 8 月正式成立「保安廳」，將海上警備隊改名為「警備隊」，並且與陸上的「警察預備隊」更名為「保安隊」後，一並納入保安廳下，這最主要是受到來自美國方面對日本之再軍備的壓力。因此吉田茂首相才產生了統合陸海兩部隊的保安廳構想，而這樣的事態進行卻是出乎那些舊海軍集團的意料之外，並且對此事相當反對。

這主要是因為舊海軍集團認為若是陸海兩部隊統合後，數量較多的陸上部隊一定會較佔優勢，形成了二戰之前那種由陸軍控制的局面。不過，吉田茂以及警察預備隊的增原惠吉本部長、林敬三總隊總監等人則認為，二戰時由於欠缺海陸兩方的衝突而導致了許多不能整合作戰之苦，因此認為不能像過去一樣由陸軍省與海軍省並列，應該統合在一個一元化的組織下。另外不只是海陸兩部隊，由制服組（自衛隊用語，意旨軍職人員）所構成的幕僚組織也應該一並統合，以文民統制為基礎統合海上警備隊與警察預備隊。而美國早就於 1947 年 7 月 26 日設立了國防部，統合協調美國陸海空三軍。也因此，吉田茂還是堅持設立保安廳，並且最為總理府的外局，下設官房、保安、人事、經理、裝備各局，以及第一幕僚、第二幕僚監部[16]。

---

[16] 增田弘，《自衛隊の誕生》，頁 144-145。

　　到了 1953 年，由於吉田內閣在 4 月的改選中遭到大敗，從原本的 222 席降到 199 席，變成無法過半的局面。於是吉田不得不與在野黨合作以推進政局之穩定。同年 9 月 27 日，吉田與在野黨最大黨改進黨領袖重光葵達成關於日本防衛的基本共識。雖然吉田的自由黨與改進黨之間還有相當大的隔閡，但雙方都認為「必須要建立以國力為基礎並且能夠在駐日美軍逐漸減少後立即能夠負擔防衛的自衛力增強之長期計畫」，並且要「將保安廳改正，保安隊也改為自衛隊，並且使其能夠抵抗直接侵略的事態[17]。」

　　最後，1954 年 3 月 9 日，「防衛廳設置法案」以及「自衛隊法」正式通過國會決議，並且於 6 月 9 日公佈，7 月 1 日正式實施，設置防衛廳以及陸海空三自衛隊。自此，海上自衛隊宣告誕生。不過有趣的是，自衛隊並不以 7 月 1 日當作自衛隊的紀念日，而是以 11 月 1 日作為紀念日。這是因為每年的 7 月到 11 月為多有颱風造成的傷害，必須派遣自衛隊救災，於是便改在天候較穩定的 11 月進行紀念[18]。

　　由此我們可以發現，海上自衛隊重建過程中，舊海軍人士與美國海軍人士都扮演著重要的角色。同時也反映出為何海上自衛隊會與美國海軍為何會如此親密，而這樣的關係也保持到今天。

---

[17] 佐道明広，《戰後政治と自衛隊》，頁 39。
[18] 高貫布士編，《自衛隊》（東京都：ナツメ社，2004 年），頁 80。

第二節　蟄伏期：1955~1976

　　海上自衛隊成立之後，所擁有的艦艇多半都是由美方所貸予的舊型艦艇。如經由「日美船舶貸借協定」所貸予的 Tacoma 級巡防艦為二次世界大戰中曾經借給蘇聯使用的 1200 噸小型巡防艦，而同時也有使用打撈在戰時被擊沈的驅逐艦「梨」改裝的「若葉（わかば）」級護衛艦（1250 噸）[19]。由此可見剛開始起步的海上自衛隊戰力並不強大，故日本政府自 1958 年開始實施四次防衛力整備計畫，以發展其防衛力量。以下便敘述在各次防衛計畫中，海自所扮演的角色。

一、第一次防衛力整備計畫

　　為了制定有關於日本的長期武裝力量發展計畫，日本政府於 1952 年 9 月成立了「制度調查委員會」，此機構由保安廳次長、第一幕僚長（陸）、第二幕僚長（海）以及保安廳內局的局長與課長等相關部長所構成，試圖發展與日本防衛相關的長期計畫。從 1953 年開始策定第一次計畫案，到 1955 年 4 月為止，總共制定了十次計畫案[20]。

　　雖然到了防衛廳成立之時，制度調查委員會仍然繼續運作，但最終只停留在長期計畫的做成上，而不能決定要採用哪一種計畫。這是因為此委員會缺乏整合長期計畫所需的調整能力。也就是說，

---

[19] 「梨」完工於 1945 年 3 月，但隨即在 7 月時在瀨戶內海遭美軍擊沈。戰後本來打算打撈後當作廢鐵處理，但發現此艦狀況良好。改裝後於 1958 年做為護衛艦開始服役。

[20] 佐道明広，《戰後政治と自衛隊》，頁 48-49。

作為防衛構想的基礎是要決定究竟該以陸海空三自衛隊之中的何者為中心，又、在所謂的美日安保體制下，日本究竟應該要依賴到何種程度？像這樣關鍵與基本的問題，還是必須交給在防衛廳中握有大部分實權的防衛局防衛課去決定[21]。

也因此，防衛課就擔任了決定日本防衛長期計畫的任務。在岸信介內閣下，1957 年 5 月 20 日通過「國防的基本方針」以及 6 月14 日通過「防衛力整備目標（又稱作第一次防衛力整備計畫）」。「國防的基本方針」與「防衛力整備目標」顯現了兩種特點：「美日安保中心主義」、「注重財政面」。

第一點方面，「國防的基本方針」第四條指出：「對外來的侵略，在未能得到聯合國有效解決方案之前，將以與美國間之安全保障體制為基調處理之[22]。」這一條成為了未來日本防衛政策的基本主義。此以主義也排除了某些人主張的，擁有較高自主性的相關防衛論，也就是說日本的防衛力量應該依靠美國，既使是負責實際作戰的自衛官（所謂的制服組）們的意見也不加以重視。制訂此方針的海原治（當時的防衛局防衛課長）如此說道：「基本上，只要有美軍在的日本，就沒有其他國家會打過來。」就算真的打過來，那麼「也只能依靠美國大叔替我們打了。對我們來說根本沒有那種能力[23]。」

另一個特點則是注重財政面。在「防衛力整備目標」中有提到，「在達成目標之時，要時常注意不要危害到經濟的安定，特別是每

---

[21] 日本的防衛體系在成立時講求所謂的「文民統制」，所以在防衛廳內擁有較大權力的乃是所謂的「內局」人員如：裝備局、教育局、人事局、防衛局等。參考佐道明広，《戰後政治と自衛隊》，頁 41~42。

[22] 國防部史政編譯局，《2003 日本防衛白皮書》，（台北市：史政編譯室，2006），頁 678。

[23] 佐道明広，《戰後政治と自衛隊》，頁 52~53。

年預算的增加時，要一邊考慮財政情況、以及與民生措施間的均衡，彈性地決定[24]。」在日本了防衛政策中特意納入了財政上的觀點，也凸顯了當時注重財政與民生的環境背景。

在「防衛力整備目標」中，預定海上自衛隊在三年後（1958~1960）將達到 12 萬 4 千噸以及 222 架飛機的規模，而實際在 1960 年時，海上自衛隊則擁有 11 萬 2 千 2 百噸的艦艇以及 217 架的飛機[25]。此時期新造的艦艇大致上有負責反潛作業的綾波（あやなみ）級，此級護衛艦共有 7 艘，排水量為 1700 噸，配備之反潛武器為 Hedgehog 反潛炸彈發射台兩座、深水炸彈台兩座。於 1958~1960 年間陸續服役。而其後繼的村雨（むらさめ）級基本排水量 1800 噸，除了也能擔任反潛任務外，也搭載了自美國中途島號航艦上拆卸下來的五吋砲三座，加強了反艦能力。此級的三艘艦艇均於 1959 年內服役。

而接下去於 1960 年開始服役的秋月（あきづき）級則是戰後日本國產艦艇首次達到 2000 噸以上的艦艇（基準 2350 噸）。其兵裝與村雨級大致相同，但是配備了美國最新給予的 Mk108 反潛火箭發射器。此級共有兩艘。

雖然「防衛力整備目標」中沒有特別提到海上自衛隊的主要任務，但從這時期發展的艦艇來看，海上自衛隊相當注重反潛工作。這或許與海上自衛隊成立當初強調自己乃是「協助美軍的客體」有關，也就是一種補足美國海軍的存在，其作戰構想是封鎖蘇聯潛水艇進出對馬、津輕、宗谷海峽。由於太平洋戰爭時被潛水艇切斷海

---

[24] 〈防衛力整備目標について〉，http://www.ndl.go.jp/horei_jp/kakugi/txt/txt01273.htm（2007/5/22）

[25] 王少普 and 吳寄南，《戰後日本防衛研究》，初版（上海：上海人民初版社，2003），頁 130。

上補給的教訓以及協助美國海軍等想法，當時的海自自己把對潛作戰當成其基本任務，而不是敵人直接侵略時的沿岸防禦[26]。

二、第二次防衛力整備計畫

　　一次防的終止時間為 1960 年，所以必須趕在下一期防衛計畫實施的 1961 年前制訂第二次的防衛力整備計畫。於是在 1959 年，當時的防衛廳長官赤城宗德提出了所謂的「赤城構想」的長期計畫。

　　「赤城構想」主要是試圖將防衛力整備的順序訂定為：空、海、陸的優先順序，並且打算建造用來反潛的直昇機航空母艦，其總預算高達到 2900 億日圓之譜。自然地，這個計畫受到管理財政問題的大藏省之反對，而自民黨內部也認為在美日安保改定前議論二次防的事情，必須要慎重而行。雖然此構想經過修正，將其預算向下調整，但最後還是無法順利通過。這主要是防衛廳內部的反對。

　　之前提過的海原治曾經離開防衛廳並且在駐美大使館任職，因此一度給了「赤城構想」問世的機會。但好景不常，正當赤城構想被討論之時，海原剛好就從美國返回日本，並且對於此構想大加批判，認為在財政上執行有困難，而且所提出的直昇機空母更是沒什麼必要。

　　當然，赤城構想中的財政問題的確有加以檢討的部分，但至於是否應該全盤推翻則有待商榷。其實，海原會全面反對赤城構想主要是因為他想要壓制制服組的發言權。赤城構想中雖然認為日本的防衛力是為了自衛而存在的防衛力，是一種戰略守勢，所以在戰略

---

[26] 佐道明広，《戰後政治と自衛隊》，頁 59。

攻勢上則必須依賴美軍。不過，美軍的支援也因狀況而會有所變動，
所以日本至少要有能夠面對大規模武力侵攻的初期防衛能力。因
此，日本要有能力去面對大規模侵略以外、以及間接侵略的力量。

　　此一構想自然是想增加過去被封印的日本自主防衛力，同時也
會增加制服組們的權力。因此對於海原這位完全反對自主防衛觀
念、以及對制服組非常輕視的人，自然會大力反對「赤城構想」[27]。

　　如前所述，海上自衛隊初期的任務仍然是將心力投入於反潛作
戰上，但是隨著飛彈潛水艇的登場以及潛水艇的進步，僅只使用固
定翼飛機以及艦艇進行反潛作業，已經愈來愈困難了。所以必須要
建造具有速度、排水量約一萬頓的直昇機航空母艦以及大型直昇機
27 架。當然，這項高達 195 億日圓的建造費自然不是海自自己能負
擔的。於是，與美國海軍協商的結果，由美國負擔 37.2%的費用，
剩下的 62.8%則由日本承擔。所以即使是美國海軍也相當期待能夠
把直昇機空母導入海上自衛隊[28]。

　　結果，在海原的反對下，直昇機空母這一構想終究沒能實現。
1961 年 7 月 18 日，第二次防衛計畫正式通過，並且規定了海上自
衛隊自 1962 年起到 1966 年之整備目標為建造 14 萬頓的艦艇。1966
年末總計建造了 14 萬頓，其中護衛艦艇 8 萬 7 千餘頓、潛水艇 1 萬
3 千餘頓[29]。此時期海上自衛隊新建的艦艇仍然以反潛為主要重心，
以 1962 年度計畫建造的山雲級（やまぐも）、1963 年度的高月（た
かつき）級、1965 年度的峰雲級（むねぐも）為主。

---

[27] 海原雖然不是防衛廳長官，但是其權力卻相當大，甚至對防衛廳長官都有影
　　響力，因此被稱之為「海原天皇」。

[28] 佐道明広，《戰後政治と自衛隊》，67。

[29] 王少普 and 吳寄南，《戰後日本防衛研究》，頁 124。

山雲級基準排水量 2050 噸，並且首次搭載了八聯裝 ASROC 反潛火箭發射器一座、以及波佛斯四聯裝反潛火箭發射器兩座、三聯裝反潛魚雷發射管兩座作為主要的反潛兵裝。山雲級配備了當時相當先進的 ASROC 除了軍事上的意義之外，同時也代表著日本正式被西方陣營所認可與信賴[30]。另外，其搭載的 SQS-23 艦艇聲納、Mk56 射控系統、日本自製的 OPS-11 對空雷達則是海上自衛隊首次搭載的設備[31]，此級在 1966~1968 年之間共建造了三艘。

高月級也是以反潛為中心的護衛艦，其兵裝包括了 ASROC、以及其他反潛火箭與魚雷。但是新搭載了所謂 DASH（drone anti-submarine helicopter，無人駕駛反潛直昇機）系統，排水量也達到了 3050 噸。此級在 1967~1970 年之間共建造了 4 艘。

峰雲級為山雲級的改良型，主要是裝配了 DASH 系統。但由於 DASH 系統在執行上仍然有許多問題，比如說無法在不良的天候或是夜間執行任務、失事率也相當高，於是連生產此系統的美國都於 1970 年宣告停止繼續研發此型無人駕駛反潛直昇機系統[32]。而峰雲級也於 1979~1982 年間取消 DASH，換裝為 ASROC。此級基準排水量 2100 噸，1968~1970 年之間共建造 3 艘。

另外，此一時期日本也開始正式量產作戰用潛水艇。先前曾於 1960 年計畫生產大潮級（おおしお）正式作戰用潛水艇，並於 1965 年完工。1963~1966 年間便開始計畫生產大潮級的改良型早潮級（あ

---

[30] 〈護衛艦 DDK113 やまぐも型〉，http://csx.jp/~fleet7/Jmsdft/JMSDFtDDK113.html (2007/5/29)

[31] 〈やまぐも型護衛艦〉，http://ja.wikipedia.org/wiki/%E3%82%84%E3%81%BE%E3%81%90%E3%82%82%E5%9E%8B%E8%AD%B7%E8%A1%9B%E8%89%A6 (2007/5/22)

[32] http://ited.yingwa.edu.hk/~ywc-011132/weapon.htm (2007/5/22)

さしお）4 艘，分別於 1966~1969 年完工。這些二次防時新造的大型潛水艇與過去所生產的不同，它們主要的任務是用於作戰，也就是反潛潛水艇。

綜觀二次防時期海上自衛隊所生產的艦艇，大多數仍然以配備反潛武器為主，故其仍然延續了一次防時期的作戰構想：封鎖與反潛。但是二次防所規定的個自衛隊的使用仍然侷限於「在美日安全保障體制下對抗以傳統武器發動的局部戰以下的侵略」，也沒有寫出海上自衛隊應該從事何種防衛工作。而這一直要到第三次防衛力整備計畫時，才被明確地制訂。

三、第三次防衛力整備計畫

第三次防衛力整備計畫於 1966 年 11 月 29 日成立，由「第三次防衛力整備計畫大綱」、「第三次防衛力整備計畫的主要項目」、「第三次防衛力整備計畫的所要經費」三份文件所構成。而三次防的主要特性包括了：二次防的延續、重視國產裝備、重視周邊海域防衛力等特性。

首先說明其延續二次防之特性。

1964 年 11 月佐藤榮作接替池田勇人擔任內閣總理大臣，雖然他曾經批判池田內閣對防衛政策的消極態度，但等到他上任之後他自己也採取與池田一樣的態度，並不打算關注於防衛政策的制訂，而這主要是因為當時的環境背景使然。1960 年代的日本充斥著反戰與和平思想，比如說在 1958 年所進行的民調中，「總之就是不想戰爭」這類的絕對和平者佔了 15%；而「為了和平，擊退邪惡的國家也是沒辦法的」這類有條件的戰爭肯定者達到 75%。但是到了 1967

年的民調，「不管發生怎樣的事情都不應該有戰爭」這類的絕對和平主義者高達 77%，而支持「為了守護國家而不得不作戰」等有條件戰爭肯定者只有 22%，完全是大逆轉[33]。

此一風潮也可以由「三矢研究」事件中看出端彌。所謂的三矢研究是於 1963 年由統合幕僚會議的幹部所進行的研究。主要是假定第二次韓戰爆發之時對日本有什麼樣的影響，以及該採取怎樣的措施，甚至包括了憲法停止等事態進行研究。但是由於這件研究被在野黨的國會議員爆料出來，於是這項研究變成為了眾矢之的[34]。本來，如果是一個正常的國家，對於這種作戰情況的想定理當是不該有任何的爭議。但當時日本大眾充斥著反戰思維、遇到防衛問題就噤若寒蟬，因此佐藤首相對三次防態度自然就保守許多了。故在實際審議三次防的過程中的特徵是，與其說是在審議防衛政策的基本問題，倒不如說始終都在針對預算範圍在做審議[35]。

在三次防中，對防衛的大原則基本上仍然是與二次防相差無幾：「我國應有的防衛力是能夠以最有效的方式應對以傳統武器所發動的攻擊為目標……以美日安全保障體制為基調，建立出對抗侵略的有效防衛力，保衛以民主主義為基調的我國之獨立與和平[36]」

第二個問題則是國產裝備問題，這主要是起源於美國對日支援的減少。

---

[33] 佐道明広，《戰後政治と自衛隊》，頁 79。
[34] 佐道明広，《戰後政治と自衛隊》，頁 79。
[35] 佐道明広，《戰後政治と自衛隊》，頁 78。
[36] 朝雲新聞社編，《防衛ハンドブック 2006》（東京都：朝雲新聞社，2006 年），頁 67。

1963 年美國民主黨議員佛拉古.嘉基說：「美國自 1953 年 7 月 1
日至 1962 年 6 月 3 日，無償贈與日本武器裝備及裝備費 7.37 億美
元，佔了就年間日本防衛支出的 18.5%……而日本只為其軍隊開支
44 億美元，佔其 GNP 約 1.4%。」因此他反對繼續無償軍事援助日
本[37]。而在此更早之前的 1960 年 11 月 16 日，美國就決定減少由國
際協力局（ICA）供給日本的援助金額，而在以往 ICA 對日本的資
金援助是最多的[38]。

受到美國減少援助的影響，使得過去依靠美國的日本防衛產業
必定受到衝擊。因此，所謂防衛相關的國會議員如致力於海自創立
的保科善四郎，以及船田中等人，不得不開始思考對策。由於以上
兩人均主張維持美日安保體制，所以既使要追求日本的「自主防
衛」，他們也不願去碰觸較敏感的「基地問題」。因此，他們轉而追
求所謂的「裝備國產化」，而這也算是一種自主性。所以這時期積極
地參與防衛政策的政治家，比起關心防衛政策之內容，反而有比較
容易關心防衛裝備的傾向[39]。因此，在三次防中特別說明了：「在推
進技術研究的開發，幫助裝備近代化以及提升國內防衛水準的同
時，也要適當地執行裝備的國產，以助於培養防衛的根本[40]。」

第三個特性則是重視周邊海域防衛能力。三次防在一般方針中
指出：「關於提昇防衛力，特別要重視周邊海域防衛能力以及重要地
域防空能力的強化與各種機動力的增強[41]。」，而三次防與二次防有

---

[37] 王少普 and 吳寄南，《戰後日本防衛研究》，頁 129。
[38] 佐道明広，《戰後政治と自衛隊》，頁 73。
[39] 佐道明広，《戰後政治と自衛隊》，頁 77。
[40] 朝雲新聞社、《防衛ハンドブック 2006》，頁 67。
[41] 朝雲新聞社、《防衛ハンドブック 2006》，頁 67。

個明顯的差異，那就是三次防特別列出陸海空三自衛隊的整備目標。所以在關於海上自衛隊的整備目標中寫到：「為了提昇周邊海域的防衛能力以及海上交通安全的確保能力，在增強與現代化護衛艦、潛水艇等各種艦艇同時，也要同時整備新的定翼反潛機、飛行艇等裝備[42]。」

而若從三次防中海上自衛隊所分配到的預算來看，陸上自衛隊分配到 41.2%，海上則是 24.5%，航空為 24.5%。這些數據相較於二次防的陸上 43.3%，海上 23.1，航空 30.8%則能顯示出唯一有增加預算的只有海上自衛隊而已。另在經費增加率方面上為：陸 1.7 倍，海 1.9 倍，空 1.4 倍，也能看出三次防對海上自衛隊的重視[43]。

再來看此時期海上自衛隊所建造的艦艇之特性。

其中最重要的就是「榛名級（はるな）」直昇機護衛艦。如前所述，海上自衛隊的任務主要還是反潛與封鎖，而這是為了保護海上的交通，具體來說就是以護衛艦、定翼機保護運送物資到日本的船舶使其避免受到潛水艇的攻擊為主要任務[44]。防衛廳雖然曾提出過建造直昇機航母的赤城構想，但終究沒能夠實現。然而，由於加拿大海軍於於 1964 年將開發出「Beartrap」著艦固定裝置，此種裝置可以使小型的驅逐艦或巡防艦上也能執行直昇機的起降作業[45]。由於有了這種裝置後，海上自衛隊便可在不建造直昇機航母的情況下使用大型護衛艦搭在較多的反潛直昇機，於是便有了榛名級的誕生。

---

[42] 朝雲新聞社、《防衛ハンドブック 2006》，頁 68。

[43] 佐道明広，《戰後政治と自衛隊》，頁 81。

[44] 中島信吾，《戰後日本の防衛政策》（東京都：慶応大学出版会株式会社，2006 年），頁 73。

[45] http://www.readyayeready.com/timeline/1960s/beartrap/index.htm (2007/1/10)

　　榛名級於 1968、1970 年各計畫生產一艘，並於 1972、1973 年完工，分別為「榛名號」與「比叡號」。榛名級可以搭載 3 艘反潛直昇機，並作為護衛艦隊的反潛中樞。其搭載的武裝有五吋砲、ASROC 發射器等，基準排水量達到 4950 噸之多。1986 年起進行現代化改裝，加裝了 CIWS 近迫防禦系統、以及海麻雀防空飛彈[46]。「榛名」目前（2007）仍然服役中，配屬於舞鶴的第三護衛隊群，「比叡」則配屬在吳港的第四護衛隊群。

　　「青雲級（あおくも）」其實是「山雲級」的改良型。原本山雲級打算建造九艘，前三艘是最初的山雲級，裝配了 ASROC；中間三艘又稱為「峰雲級」，主要是搭載了 DASH 無人反潛直昇機；而最後的三艘就是「青雲級」。如同前面所說的，DASH 系統並不是一個穩定的反潛系統，所以原本也預定搭載 DASH 的青雲級便改而搭載較可靠的 ASROC。由兵裝來看，本級仍是以反潛為主要任務：ASROC、波佛斯四聯裝反潛火箭發射器等。而本級最後一艘「夕雲號（ゆうぐも）」於 1974 年才開始建造，本來預計搭載 CODOG、海麻雀防空飛彈等先進設備，但由於受到石油危機的影響作罷，改回採用與山雲級相同的系統與兵裝[47]。

　　而在使用於沿岸警備的護衛艦方面，以筑後（ちくご）級為主。此級雖然僅有 1500 噸的排水量，但卻搭載了 ASROC，因此以 1500 噸的船艦而言，可說是具有相當強大的反潛能力。雖然在小型護衛

---

[46] 学習研究社，《海上自衛隊パーフェクトガイド》（東京都：学習研究社，2005 年），頁 41。

[47] 学習研究社，《海上自衛隊パーフェクトガイド》，頁 38。〈護衛艦やまぐも型〉，《世界の艦船 7 月号増刊：海上自衛隊 2005-2006》，645 期（2005 年 7 月），頁 41。

艦上裝設大型艦使用的 ASROC 給人一種不平衡的印象[48]，不過由此可看出海上自衛隊對於反潛任務的重視[49]。筑後級總共建造 11 艘，年代跨越了三次防的計畫時間並切在四次防時繼續建造，至 1977 年完成最後一艘艦，但如今（2007）已全數退役除籍。

在潛水艇方面則是日本首艘「淚滴型（Tear Drop Hull）」船體的「渦潮（うずしお）級」。

美國在二次大戰之後便開始研究水中高速潛水艇，並且以流體力學理論為基礎建造了 Albacore AGSS-569 型實驗艦。經過各種反覆的實驗，證明淚滴型的設計方式是在水中能具有最少抵抗力的船型。於是 1959 年美國便生產了 Barbel 級三艘常規淚滴型潛艇。而日本一直到 1960 年代才開始研究新行船型的設計，並且以美國的 Barbel 級為研究對象。本來日本的用兵者似乎認為淚滴型在水面航行時不如傳統設計來的好，但是經過模型的模擬後證實淚滴型確實擁有較優秀的性能，於是才打算建造淚滴型潛艦[50]。

日本政府將此開發案命名為 S-118，並於 1965 年日本派遣淚滴型技術調查團前往美國針對 S-118 案與美國海軍進行交流。於是，1967 年度決定開始生產日本首艘淚滴型的潛艦「渦潮級」。最初打算在 1967 年至 1971 年之間每年生產一艘，並緊接著 1972~1977 年的四次防繼續生產三艘，合計達到八艘之多。雖然三次防的計畫順

---

[48] 〈護衛艦「ちくご」型〉，http://military.sakura.ne.jp/navy2/de_tikugo.htm (2007/5/29)

[49] 〈護衛艦 DE215 ちくご型〉http://csx.jp/~fleet7/Jmsdft/JMSDFtDE215.html (2007/5/22)

[50] 梅野和夫、阿部安雄，〈潛水艦『うずしお』：淚滴型潛水艦の先達〉，《世界の艦船 10 月号增刊：自衛艦史を彩った 12 隻》，617 期（2003 年 10 月），頁 122-123。

利執行，但是由於在 1973 年發生石油危機，原本預定的三艘只完成了兩艘，故渦潮級一共生產了六艘[51]。本級已全數退役完成。

最後則是「太刀風級（たちかぜ）」飛彈護衛艦。

這是繼「天津風級」後，海上自衛隊的第二代飛彈護衛艦。在三次防中除了要製造直昇機護衛艦之外，也決定製造新型的飛彈護衛艦。本級最初的「太刀風號」於 1971 年開始計畫建造，已經屬於三次防的末期，而第二艘艦「朝風號」於 1973 年計畫建造，此時日本的防衛計畫已經進入四次防。第三艘艦「澤風號」則更晚，要到 1978 年才開始建造。

本級的特色就是搭載了標準一型中距離防空飛彈（SM1-MR），以及指揮管制系統 OYQ-1B，負責統合雷達、聲納、感測器等裝置，成為海上自衛隊首艘的「系統艦」。除此之外還裝配了 ASROC、五吋砲，之後又搭載上 CIWS 以增強防空能力。其中於 1983 年完工的「澤風號」所使用的 Mk13 飛彈發射器除了可以發射 SM1 之外，也可以發射魚叉（Harpoon）反艦飛彈，使之可以對抗水面艦艇。目前（2007）三艘艦艇均在服役中，其中「太刀風號」於 1998 年開始擔任海上自衛隊護衛艦隊的旗艦，並且撤除後方的五吋砲後，於 1999 設置甲板室、強化司令部設備[52]。

綜觀第三次防衛計畫中的海上自衛隊，雖然建造了兩艘直昇機護衛艦，但是當時其所配屬的直昇機仍然是應用在反潛工作上，而青雲級也是配備反潛用的 ASROC，就連較小型的、適合沿岸使用的筑後級也搭載上了 ASROC，由此可見海自是多麼注重反潛工作，這

---

[51] 梅野和夫、阿部安雄，〈潛水艦『うずしお』：淚滴型潛水艦の先達〉，頁 123。
[52] 学習研究社，《海上自衛隊パーフェクトガイド》，頁 44。

也許是飽受都時二戰末期被美軍圍困之痛苦經驗。而另一方面則建造了海自第二世代的飛彈護衛艦，這也忠實的反映出三次防所強調的目標：「沿岸、海峽等周邊海域的防禦力之強化」。

四、第四次防衛力整備計畫

經過三次防衛力整備計畫後，時間進入了國際情勢發生大轉折的 70 年代。這個年代除了越戰之外，還有美國對中國的態度轉變、美元政策的修改等國際重大事件。促使日本在這波變動中大刀闊斧地提出與以往「X 次防」不同的「新防衛力整備計畫」，不但年數由五年提高到十年，預算更是大幅增加許多。

這主要起因於 70 年代的「沖繩歸還」與尼克森的「關島Doctrine」。

沖繩本為日本領土，但在二次大戰中被美軍佔領，而戰爭結束後美國並沒有立即將沖繩歸還給日本。這個懸案一直持續到佐藤榮作首相才獲得正式的解決。早在 1965 年 8 月佐藤成為戰後第一位訪問沖繩的首相。他在那霸機場發表演說時說道：「我深知，只要沖繩歸復祖國的願望未實現，對我國來說，『戰後』就沒有結束。」1967年 11 月，佐藤第二次赴美，就歸還沖繩的問題與安全保障與美國總統強森（Lyndon Baines Johnson）進行會談，16 日發表了「日美聯合聲明」宣佈了歸還沖繩等諸島的意願。到了 1969 年，11 月 21 日新上任的美國總統尼克森與佐藤會談後發表了願意於 1972 年內歸

還沖繩的行政權給日本，同時撤除核武器，並強調美日安保條約同
樣也適用於沖繩，美國也將保持在沖繩的軍事基地[53]。

　　關島 Doctrine 又稱為尼克森主義，主要是美國總統尼克森於
1969 年 7 月 25 日於關島所發表的演說，內容為美國將會減少對亞
洲的介入，對於擁有國力的國家來說，應該有責任要靠自己的力量
去防衛自己的國家。這項衝擊加上沖繩歸還後，日本勢必也多少要
靠自己的力量守護自己的國家。因此，在佐藤政權之下，「守護我們
的國家的氣概」這樣的理念是必要的，於是便開始積極主張所謂的
自主防衛理念。這種自主防衛的內容是「國家的防衛是以自主的方
式為主，而美日安保則是彌補自主防衛之不足之處」的「日美安保
補完論」[54]。

　　而擔任這個自主防衛需求升高之時期的防衛廳長官正是赫赫有
名的中曾根康弘。中曾根在早期就積極地主張自我防衛論，並且在
上任之後將其多年來對防衛政策的看法以「自主防衛五原則」為名
發表。此五項原則加上「專守防衛論」、「非核中級國家」等論點來
看，中曾根所意指的目標可以說是與西歐國家並列的「普通國家」。
然而，中曾根所謂的自主防衛論與過去最大的不同在於，他主張把
美軍應撤出在日本的基地，並且隨著自衛隊的增強而把基地交給自
衛隊管理[55]。

　　但是這種涉及到美日安保基礎的基地問題，卻遭受到自民黨
內部的國防族等安保中心論者之反對。除此之外還有其他繼承吉

---

[53] 張雅麗，《戰後日本對外戰略研究》，初版（浙江：浙江人民出版社，2002
年），頁 85-86。
[54] 佐道明広，《戰後政治と自衛隊》，頁 87。
[55] 佐道明広，《戰後政治と自衛隊》，頁 88。

田路線（重經濟、輕軍事）的安保重視派人士也不贊成中曾根的看法。結果，佐藤首相由於與美方的安保延長問題以及自己的自民黨總裁選舉，為了不使黨內混亂，所以並沒有支持中曾根的構想[56]。

在中曾根時其提出的「新防衛力整備計畫」同樣地也沒有實現。此計劃的特徵之一就是重視「海空」的力量。中曾根認為「軍事力可以成為外交力的後盾」，所以他主張有整備海空力量的必要性。而另一特徵則是強調「後方體制」的重視。此種後方並非意指過去所謂的補給問題，而是特指在自衛隊員的待遇、日漸嚴重的隊員募集問題上，試圖改善自衛隊的待遇與職場環境[57]。

此計劃並非如同二次防、三次防一樣只專注於裝備上，而是如同中曾根所說的是以「適應我國獨自的戰略戰術」為基礎而思考的計畫。不過，前述的自民黨內人士與日本內外對於軍國主義復活的批判的不只是前述的中曾根構想，對於新防衛力整備計畫也是大加批評。其中主管財務的大藏省認為預算過於龐大並加以反對，使此計畫不得不加以修改。然而，由於發生了兩次「尼克森衝擊」，先是尼克森訪中造成此計劃審議延後，後又是美國採取新的美元政策造成日本認為未來的防衛費負擔將會增加，終於在新任防衛廳長官西原直己時，決定大幅修改此計劃，並恢復過去「X 次防」的名稱，更名為「第四次防衛力整備計畫」，於 1972 年 2 月 8 日通過[58]。

由於四次防的內容仍然有著三次防類似之「以美日安全保障體制為基調，整備對抗侵略的防衛力，保衛以民主主義為基礎的我國

---

[56] 佐道明広，《戰後政治と自衛隊》，頁 90。
[57] 佐道明広，《戰後政治と自衛隊》，頁 91。
[58] 佐道明広，《戰後政治と自衛隊》，頁 93-94。

之獨立與和平」基本方針。所以可以說四次防又繼承了三次防的思想，其整備方針幾乎與三次防相同[59]。四次防中對於海上自衛隊的指導方針為：「為了提升周邊海域的防衛能力以及海上交通安全確保能力，要增強護衛艦、潛水艦等各種艦艇，以及規劃近代化的同時，也要整備反潛航空機等。」此方針也幾乎與三次防完全相同。

本時期所計畫建造的艦艇主要有：白根級（しらね）直升機護衛艦、夕潮級（ゆうしお）潛水艇。從後見之明看，四次防原本計畫建造 69600 噸共 54 艘艦艇，但到了 1976 年實質上只達成 48800 噸 37 艘艦艇而已[60]。這似乎是受到 1970 年代石油危機的影響。由於石油危機的發生導致當時高度成長的日本經濟也陷入了低成長時代，進而間接影響到防衛預算與四次防。四次防可說是不幸的計畫，在審議當時便引起了批判與混亂而被迫所小，在執行時又因為石油危機而導致許多計畫沒有實現，特別是海上自衛隊的部份[61]。

夕潮級也是採用淚滴型的設計，為渦潮級的擴大與改良版，其潛航深度、續航力、居住性等都較渦潮級好，也因此體型較大。基準排水量增大到 2200 噸，是戰後日本首次突破 2000 噸的潛水艇。本級一共建造了十艘，時間橫跨了十年，所以其裝備也略有不同。四號艦「沖潮（おきしお）號」起搭載了 TASS，五號艦「灘潮號（なだしお）」起則搭載了反艦用的潛射型魚叉飛彈，[62]且於 1980 年完工，並不在四次防內所建造的艦艇，但於 1975 年便已經計劃製造此

[59] 朝雲新聞社，《防衛ハンドブック 2006》，頁 69。
[60] 朝雲新聞社，《防衛ハンドブック 2006》，頁 78。
[61] 佐道明広，《戰後政治と自衛隊》，頁 100。
[62] 学習研究社，《海上自衛隊パーフェクトガイド》，頁 85。

艦，固仍然將其列為四次防之範圍內。此時期建造完工的三艘潛水
艇實為三次防時期的渦潮級。

　　白根級為繼臻名級後的直升機護衛艦，基準排水量 5200 噸，
可搭載三架反潛直升機。最初預計建造的是排水量高達 8700 噸的
大型護衛艦，但由於政治上與經濟上的理由而縮小為 8000 噸，但
之後又由於石油危機的影響而不得不將計畫改為臻名級的擴大改
良版[63]。白根級所搭載兵裝為 5 吋砲、ASROC 反潛火箭、以及首次
裝配的海麻雀防空飛彈與近迫防禦系統 CIWS，增加了近距離點防
空的的能力。另外，所搭載的 OPS-12 三次元雷達、OQS-101 聲納
均為當時日本自行生產的新裝備。而其也搭載了可以統合艦上各武
器系統的數位電腦[64]。

　　四次防雖然因為石油危機的影響，使得海自並沒有建造太多新
型的護衛艦，連原本計劃的一艘搭載反艦系統的護衛艦都未能完
成，這段時間內多半是繼續生產三次防時所計畫的艦艇。但是參考
所搭載的武器來看，可說是為未來鋪路，如新引進的海麻雀防空飛
彈，CIWS 近迫防禦系統、以及統合武器系統的數位電腦，在未來
海自新造的艦艇中幾乎都是基本配備。故從一次防到四次防，可說
是海上自衛隊由弱小逐漸茁壯的蟄伏期。

---

[63] 〈しらね型護衛艦〉，http://ja.wikipedia.org/wiki/%E3%81%97%E3%82%89%E3%
81%AD%E5%9E%8B%E8%AD%B7%E8%A1%9B%E8%89%A6 (2007/5/29)

[64] 学習研究社，《海上自衛隊パーフェクトガイド》，頁 42。〈護衛艦『しらね』
型〉，《世界の艦船 7 月号増刊：海上自衛隊 2005-2006》，頁 16。

第三節　起飛期：1976~1990

　　日本自 1976 年第一次公佈「防衛計畫大綱」以及「美日合作指針（guideline）」後，其防衛政策與自衛隊任務逐漸地明朗化。比起過去四次防僅只專注於武器的更新以及忽略美日之間軍事合作的具體運用，「防衛計畫大綱」與「美日合作指針」題供了日本防衛的構想以及應有的防衛態勢、並且規定自衛隊與美軍應有的軍事合作事項，可說是當今美日軍事合作的基礎。

一、防衛大綱與日美防衛合作指針

　　雖然日本經歷過四次防衛力整備計畫，但其實不但沒有整體且明確的防衛構想，與美軍之間的軍事合作也沒有具體的規劃。由於經歷過兩次的「尼克森衝擊」，因此導致日本對於美國的不信賴感提高，於是便產生了兩個防衛上最大的問題：第一是日本的防衛軍力究竟該扮演何種角色？第二則是防衛軍力的界線該在哪裡[65]。

　　為了處理上述的問題，將防衛政策加以理論化便是最好的方法。於是當時的防衛廳長官板田道太便於 1976 年 10 月 29 日推出了「防衛計畫大綱」。此時的防衛計畫大綱與過去四次的防衛力整備計畫不同，它採用一種「基盤防衛力構想」。在 1976 年的「防衛白書」中說明，由於美蘇之間都極力避免以傳統兵器進行戰爭，所以很難

---

[65] 佐道明広，《戰後政治と自衛隊》，頁 98。

發生對日本的大規模侵略，但是卻難保不會發生小規模的地域性戰爭，所以日本應有的防衛構想：「基盤防衛力構想」是追求一種「和平時的防衛力」[66]，認為應該保持一種能對抗「以小規模部隊發起的局部戰爭」之和平時期的防衛力。基盤防衛力並不去針對特定的敵人，而是強調全體均衡的力量，包括了前方的戰鬥部隊以及後方的支援部隊、情報、通信、災害救助等各方面的機能[67]。

　　此構想將侵略事態分成「小規模以下的侵略事態」、「超過小規模之限定的侵略事態」、「全面戰的事態」。「基盤的防衛力」正是要能夠應付這三者中的前兩者，而若發生全面戰，則主要期待美國的援助。除此之外，此構想也強調後方補給部門的重要性，企圖建立綜合完善的防衛力[68]。這其實明確地指出日本防衛力應該有的「角色」與「界線」：對抗限定的侵略事態，以上則期待美國的力量。除此之外，防衛大綱也附帶規定陸海空自衛隊應當整備的部隊規模，如陸上自衛隊 18 萬人、航空自衛隊 430 架飛機、海上自衛隊則是四個護衛隊群以及十個地方隊等[69]。往後的防衛力整備計畫，將以此為目標，也不會超出此目標之外。

　　除了防衛大綱之外，坂田道太也促成了「日美防衛合作指針」的誕生。過去由於日本的防衛當局認為只要美軍基地存在就代表著安全，所以沒有與美軍合作之企圖。而美日之間雖然有安全保障委

---

[66] 參照《1976 年防衛白書》網路版：http://jda-clearing.jda.go.jp/hakusho_data/1976/w1976_02.html (2007/5/22)

[67] 《1976 年防衛白書》網路版。

[68] 佐道明広，《戰後政治と自衛隊》，頁 104-105。

[69] 防衛大綱別表請參見：朝雲新聞社，《防衛ハンドブック 2006》，頁 23。

員會（SCC）負責討論美日安保的事項，但那畢竟是全面性的方向而非具體的作為，故如今日方希望能夠對此事進行實質的探討[70]。

對於美國來說，由於身陷越戰促使其在太平洋地區的勢力衰退，進而造成蘇聯的擴張。據統計蘇聯在 1960~1969 年的軍費總額高達 6219 億美元，超越美國的 6056 億。1969 年美蘇的彈道飛彈數量比為 1054 對 1050，1970 年更達到 1054 對 1300 的地步。這便迫使尼克森上台後採取了對蘇的緩和政策（detente）[71]。

1970 年代全球正風行政策緩和，從 1963 年古巴飛彈危機之後，美蘇兩大國展開了一連串的會談，從 1968 年的「核不擴散條約（Nuclear Non-Proliferation Treaty）」以及 1972~1976 年的第一次戰略武器限制條約（Strategic Arms Limitation Talks）、1972 年的反彈道飛彈條約（Anti-Ballistic Missile Treaty）等，到西德總理 Brandt 提倡的「東方外交（Ospolitik）」帶給兩德與波蘭更加穩定的狀態。此波熱潮到 1975 年在赫爾辛基舉行的歐洲安全合作會議上達到高峰，此後便開始衰退。1979 年第二次 SALT 結束沒多久，蘇聯便入侵阿富汗，使得和解政策宣告結束[72]。而 1976 年日本防衛白書制定時的背景，正是東西緩和的高峰期：1975 年左右。這種緩和狀態也成為「基盤防衛力構想」的一個背景[73]。

---

[70] 朝雲新聞社，《防衛ハンドブック 2006》，頁 121-122。

[71] 李玉君、舒泰峰，〈尼克松對華緩和政策與均勢外交戰略的建構〉，《蘭州大學學報》，33 卷 2 期（2005 年 5 月），頁 65。

[72] Peter Wallensteen, "American-Soviet Detente: What Went Wrong," *Journal of Peace Research* 22, no.1 (Mar., 1985): 1.

[73] 《1976 年防衛白書》，http://jda-clearing.jda.go.jp/hakusho_data/1976/w1976_02.html (2007/5/22)

　　1970 年代美國的軍事力衰退，也促使他對與日本這個遠東盟邦的重視，尤其是海上自衛隊的貴重戰力。由於海自過去即與美海軍有相當深的關連，加上經過三次防衛力整備，美國海軍已經認可海自的力量並實施共同訓練，若參照 1976 年防衛白書的資料，當時日美協同訓練幾乎都是與海自的反潛訓練有關[74]。而海自也以美海軍的「別動隊」之身分努力地提升對戰能力[75]。但是 1976 年訂定的防衛計畫大綱中，所規定海自的任務範圍頂多為沿岸、週邊海域的警戒任務等，並無說明與美軍的合作事項。

　　於是便有了 1978 年的「日美防衛合作指針」的誕生。此指針列出三自衛隊與美軍的作戰構想，其中陸上自衛隊與航空自衛隊的共同作戰範圍都限於日本本土，唯有海上自衛隊是「與美國海軍為了防衛周邊海域以及海上交通保護，一同實施海上作戰。」因此，海上自衛隊之後將會賦予更多的任務，而非單純地守護本土而已。而這同時也反映了海上力量通常被賦予的任務除了守衛本國之外，也被賦予帶有更多政治意義的任務，這也說明為何 1990 年波灣戰爭後，海上自衛隊會成為日本從事國際活動的先鋒部隊。

二、後四次防時期

　　所謂的「後四次防」指的是第四次防衛力整備計畫後的防衛計畫，時間為 1977~1979。這段時間的日本並沒有再推出任何長期的防衛計畫，改採取每年審議一次的「單年度方式」。依照 1977 年的

---

[74] 〈日米協同訓練実績等〉，《1976 年防衛白書》網路版，http://jda-clearing.jda.go. jp/hakusho_data/1976/w1976_9109.html (2007/5/29)

[75] 佐道明広，《戦後政治と自衛隊》，頁 118。

防衛白書指出，採取單年度方式的主要原因是由於經歷過四次的長
期計畫後，在防衛力的「量」上面已經與「基盤防衛構想」的需求
大抵相同，故後四次防的時代應該以加強「質」為主要目標。而另
一個原因也在於過去那種一次決定五年的預算審議方式是不適當
的，應該視每年財務情況而訂定比較適合[76]。這也許是受到石油危
機所帶來的經濟衝擊之影響。

　　日本雖在 1970 年代發表過防衛白書，但隨後中斷，直到 1976
年時才又重新出版，而之後則每年固定出版一次，延續至今。審查
後四次防時期的防衛白書（1977~1979）後可以發現關於海自的下列
的特點：

1、P-3C 的導入

　　77 年度防衛大綱中特別強調新型固定翼反潛機的必需性。
主要是認為由於傳統潛艦的更新以及核子動力潛艇的增加導致
反潛任務愈來愈困難。傳統潛艇的速度可達二十節、核子潛艇
更超高達了三十節。加上傳統潛艇潛入海中的時間比以往更
長，核動力潛艇更能無限制地待在海中。這些都加深了未來反
潛的困難性[77]。

　　加上海上自衛隊當時所使用的 P-2J 反潛機乃是二次世界
大戰末期開發的 P2V-7 原型機的改裝型，由於沒有搭載電子處
理裝置，所以操作上都仰賴人員手動。加上其速度不快、也無

---

[76] 《1977 年防衛白書》網路版，http://jda-clearing.jda.go.jp/hakusho_data/1977/
w1977_02.html (2007/5/29)

[77] 《1977 年防衛白書》網路版，http://jda-clearing.jda.go.jp/hakusho_data/1977/
w1977_03.html (2007/5/22)

法長時間滯空飛行、機體狹小、導航設備老舊等因素，都制約了反潛作戰的效果，故有必要導入新型機種已加強反潛能力[78]。1978 年的防衛白書提到，以 P-2J 對抗未來的傳統型潛艦，其能力將比現在下降至 1/5，若是未來的核子潛艦則更下降到 1/20[79]。

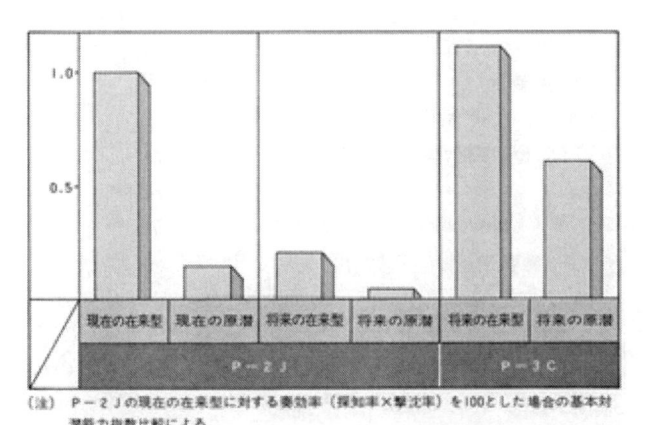

圖 2-1　P-2J 與 P-3C 反潛能力比較[80]

於是日本便在 1978 年度開始決定開始生產 45 架 P-3C 反潛機，而當年度則預定生產八架[81]。海上自衛隊的 P-3C 前三機為

---

[78] http://jda-clearing.jda.go.jp/hakusho_data/1977/w1977_03.html (2007/5/22)

[79] 《1978 年防衛白書》網路版，http://jda-clearing.jda.go.jp/hakusho_data/1978/w1978_03.html (2007/5/29)

[80] 《1978 年防衛白書》網路版，http://jda-clearing.jda.go.jp/hakusho_data/1978/w1978_03016.html (2007/5/29)

[81] 《1978 年防衛白書》網路版，http://jda-clearing.jda.go.jp/hakusho_data/1978/w1978_03.html (2007/5/29)

自美國輸入，但自第四機起則藉由取得授權，由日本川崎重工在國內生產[82]。

2、汰舊換新

　　日本海上武力重建至今野有 20 餘年，早起所建造以及由美軍那裡界來的艦艇都陸續以及即將面臨退役的時期。因此，1979 年防衛大綱便指出勢必將會在不久的將來面對艦艇驟減的問題，故今後將會為了更新而努力建造新艦[83]。

3、加強反艦與防空飛彈

　　日本雖然於之前就有搭載海麻雀防空飛彈的白根級、SM-1 的太刀風級護衛艦，但若是對應於世界各國來說，其飛彈普及率仍然不足，故將於 1979 年度開始，新建造的護衛艦將全部或一部分搭載短程防空飛彈、CIWS、反艦飛彈（SSM）[84]。

　　其中以反艦飛彈為日本最缺乏的武器，這可以由 1974 年 11 月 9 日所發生的「第 10 雄洋丸」事件證明。當天，屬於雄洋海運的液化石油氣船「第 10 雄洋丸」與賴比瑞亞籍的 Pacific Ares（パシフィック・アリス）貨物船相撞並且發生大火災，造成 33 人死亡 8 人負傷的慘劇。尤於火勢過大無法加以撲滅，於是海自便受命將第 10 雄洋丸加以擊沉。海自自 27 號開始用

---

[82] 学習研究社，《海上自衛隊パーフェクトガイド》，頁 138。

[83] 《1979 年防衛白書》網路版，http://jda-clearing.jda.go.jp/hakusho_data/1979/w1979_03.html (2007/5/29)

[84] http://jda-clearing.jda.go.jp/hakusho_data/1979/w1979_03.html (2007/5/29)

艦砲加以攻擊，但是無法擊沉。到了 28 號加上空中轟炸以及魚雷的方式，才好不容易將其擊沉[85]。

　　雖然說第 10 雄洋丸是超過四萬噸的大型船，但海自卻花費了過多的時間才能將其擊沉這件事情引來了許多批判。但是由於缺乏對船攻擊的大型艦砲，魚雷也是主要用於攻擊淺水艇用，因此對於海自來說，花費這麼大的時間也是沒辦法的事情[86]。因此，加強反艦或是防空飛彈等裝備為當務之急。

　　以上便是本時期海上自衛隊著重的特點。所以在本時期的新造三種船艦：初雪級（はつゆき）、石狩級（いしかり）、夕張級（ゆうばり）均搭載了魚叉反艦飛彈。首先是石狩級，它是海上自衛隊最早搭載魚叉飛彈的護衛艦，於 1977 年計畫生產。本來的計畫是設計為 PCE（沿岸警戒艇），但隨著要求的擴大而更改為 Destroy Escort。設計為中央船樓型，可以有效確保艦內的空間，但是卻因此缺乏凌波性。於由基本的艦型仍然過小，基本排水量僅 1290 噸，所以僅只建造了一隻，之後改為建造稍大一點的夕張級[87]。

　　夕張級的船身與石狩級一樣採用中央船樓型，但體型稍大，基本排水量 1470 噸。夕張級也搭載了魚叉反艦飛彈，但也是由於船身設計上的問題而僅僅建造了兩艘，之後則將生產轉移到阿武隈級上

---

[85] 〈LPG タンカー第 10 雄洋丸とリベリア貨物船が衝突炎上、死者 33 人〉，http://www.nishinippon.co.jp/saigai/html/1974/s197411.html. (2007/5/29)

[86] 佐道明広，《戰後政治と自衛隊》，119 頁。

[87] 学習研究社，《海上自衛隊パーフェクトガイド》，頁 53。

（あぶくも）。石狩級與夕張級由於缺乏凌波性，所以若是航行在日本外海則似乎稍嫌不可能[88]。

初雪級算是海上自衛隊初世代的「泛用型」護衛艦。與以往重視某些部份如反潛、防空的護衛艦不同，初雪級基本上是單獨作業也能完成普通任務的護衛艦。初雪級的特徵是在有限的排水量內搭載了 ASROC、海麻雀防空飛彈、魚叉反艦飛彈、CIWS 同時也可以起降直升機。這種相當平衡的設計。另外戰情中心（CIC）也從以往的艦橋部位移往船體內部，獲得更好的防禦能力[89]。原本初雪級的上部結構是使用鋁合金建造，但由於受到福克蘭戰爭的影響，從第八號艦開始將上層結構改為鋼製。目前（2007）本級已經全數轉為地方隊使用，平常也不再搭載直升機[90]。

三、53、56 中期業務預測（1980~1985）

雖然日本取消了如過去四次防一樣的長期計畫，但是後來發現在防衛力整備上，對於應該重視的主要事業，在可能的範圍內事先預測將來的方向，這樣的作法是必要的[91]。所以便採取了所謂 53、56 中期業務預測（中期業務見積もり）的方式。

---

[88] 学習研究社，《海上自衛隊パーフェクトガイド》，頁 53。

[89] 這是因為過去需要目視才能掌握戰局，故 CIC 能距離艦橋愈近愈好。但隨著科技發達，不用再靠雙眼掌握外界情況，故 CIC 可以在更安全的地方如船體的內部繼續掌握戰局。

[90] 学習研究社，《海上自衛隊パーフェクトガイド》，34 頁。〈護衛艦『はつゆき』型〉，《世界の艦船七月号増刊：海上自衛隊 2006-2007》，661 期（2006年 7 月），頁 42。

[91] 朝雲新聞社，《防衛ハンドブック 2006》，頁 80。

　　這種方式主要是預先預測未來五年要整備的項目，但是只是防衛廳內部對於每年防衛整備之預算與計畫的參考，是防衛廳內部自訂的文件，與過去的 X 次防有所不同，並非政府主導。也就是說雖然訂定了未來五年內要整備的項目，但是實際上仍須每年審查當年度的財政問題，訂定每年度的防衛整備計畫。而另一項特點在於，每三年將會修正一次預測，所以以 1980~1985 年為範圍的 53 中期業務預測計畫（1978 年制訂）在 1981 年進行修正，並且預測 1983~1987 年的整備項目。

　　參照這五年的防衛白書後，可以發現以下的特點：

1、積極參加 RIMPAC 演習

　　海上自衛隊自 1980 年開始參與了由美軍所主導之兩年一度的環太平洋聯合演習（Rim of the Pacific Exercise）。最初參加 RIMPAC80 時，日本僅僅派出兩艘護衛艦，但隨後衛了增加訓練效果，便逐年增加參加人數與艦艇。RIMPAC82 時派出 3 艘護衛艦、8 艘反潛機一共 940 人，RIMPAC84 則派出 5 艘護衛艦、8 艘反潛機、人員 1400 人。到了 RIMPAC86 更是派出 8 艘護衛艦，等同於一個完整的護衛艦隊，同時也首次派出 8 架最新的 P-3C 反潛機以及一艘潛水艇參與演習[92]。然而日本國內還是有人批判專守防衛的自衛隊參加美軍的演習有違憲之疑[93]。

---

[92]　《1986 年防衛白書》網路版，http://jda-clearing.jda.go.jp/hakusho_data/1986/w1986_03.html (2007/5/29)

[93]　〈環太平洋合同演習〉，Wikipedia 日文版。
http://ja.wikipedia.org/wiki/%E7%92%B0%E5%A4%AA%E5%B9%B3%E6%B4%8B%E5%90%88%E5%90%8C%E6%BC%94%E7%BF%92 (2007/5/29)

2、持續增強反艦能力

　　始於後四次防時期起步的反艦能力提昇作業，到了本時期已經有大幅進步。因此連同後四次防時期的初雪級以及 1984 年度新生產的朝霧級（あさぎり）、1981 年生產的旗風級（はたかぜ）均計劃安裝魚叉反艦飛彈。1986 年的防衛白書指出，此時連同初雪級的 15 艘護衛艦均配備了魚叉飛彈[94]。

　　朝霧級為初雪級的擴大版，基準排水量 3500 噸，兵裝與初雪級相同。由於其直升機機庫標準上只能搭載一隻，所以也只有一具輸送裝置以及相關儀裝，不過實際上由於機庫空間較大，具有保存 2 架直升機的能力。另外，其推進裝置改為 COGAG（Combined Gas turbine And Gas turbine），為海自第一艘採用此種方式的護衛艦，上層結構為鋼鐵製，與後期的初雪級相同[95]。

　　另外此時期生產的夕潮級第五號灘潮號已經開始裝配潛射用的魚叉反艦飛彈，太刀風級的三號艦澤風號的 Mk13 發射器也開始能夠發射魚叉飛彈，顯示本時期海自仍不斷地增強反艦能力。

3、造艦多用途化

　　從後四次防的初雪級開始，海上自衛隊新建造的艦艇除了地方隊使用的夕張、石狩級之外，大部分都具有短程防空、

---

[94] 《1986 年防衛白書》網路版，http://jda-clearing.jda.go.jp/hakusho_data/1986/w1986_03.html (2007/5/22)

[95] 学習研究社，《海上自衛隊パーフェクトガイド》，頁 36。〈護衛艦『あさぎり』型〉，《世界の艦船 7 月号：海上自衛隊 2006-2007》，頁 38-39。

反潛、反艦等多功能。這主要是反映出「新八八艦隊」的造艦構想。

　　所謂「新八八艦隊」乃是指一個護衛艦隊群內應該擁有八艘船艦以及八架反潛直升機。這八艘分別為一隻直升機護衛艦（DDH、反潛中樞）、兩隻飛彈護衛艦（DDG、防空中樞）、其他五艘則是泛用型護衛艦（DD）。有了這樣的編制後，就可以一個護衛隊群有效地應付各種想定如防空戰、水面戰、與反潛戰等[96]。由於榛名級與白根及只能搭載三架反潛機，飛彈護衛艦通常不搭載直升機，所以泛用護衛艦便負擔了剩下的五架直升機的搭載工作，以及基本的反艦、反潛作戰。

4、政冷軍熱

　　1980 年開始正是美日關係的低點，除了經濟上的摩擦之外，還有軍事合作關係的摩擦。在軍事上，由於二次冷戰的來臨，美國為了對抗蘇聯，雷根政府便採取所謂的「水平升高戰略」。這意味著若是蘇聯介入中東或是阿拉伯海的紛爭，則美國也會在世界某個地方採取同樣水平的行動，特別是蘇聯的弱點太平洋沿岸地區與朝鮮半島。也因此，若是日本可以負擔此一區域的防衛任務，則美國可以向印度洋、阿拉伯海方向展開[97]。

　　1981 年五月鈴木善幸首相訪美，與美國總統雷根進行會談，美國要求日本要能夠負擔美日之間的 Sea line of communication

---

[96] 学習研究社，《海上自衛隊パーフェクトガイド》，頁 167。
[97] 梅林道宏，《在日米軍》（東京都：岩波書店，2002 年），頁 48。

（也就保護美日之間的海上軍事補給線），讓美國能夠順利擴展勢力到印度洋。鈴木首相在會後的記者會時，由於誤認 Sea line of communication 為一般物資輸往日本的海上路線，也就是所謂的「航路帶」，於是便說出：「關於日本周邊數百海里以及 sea lines 的一千海里，要按照憲法自衛的範圍內強化防衛力。」這使得美國方面誤以為日本願意分擔 Sea lines of communication 的工作[98]。

但是日本的媒體卻認為這次會議的共同聲名意味者「軍事同盟」以及日本將要增大防衛支出[99]。對此解釋，鈴木首相採取否定態度，認為此聲明完全沒有軍事上的關係，並且向雷根政府表示日本絕對不會增加防衛費用，即使聲明上寫著：「Japan…will make even greater efforts for improving its defense capabilities in Japanese territories and in its surrounding air and sea space.」[100]。然而，此一行為加上經濟摩差造成了美國對鈴木政權的不信任感[101]，直到中曾根康弘上任後美日關係才有改善。

然而，很有趣的是，雖然鈴木政權以及上一任的大平政權都對美國提出的防衛問題不太感興趣[102]，但是海上自衛隊與美國海軍的互動反而並沒有因此而減少，除了陸續獲得來自美國的先進武器以及其生產授權如 P-3C、SH-60J、魚叉飛彈等，如上所數海上自衛隊還連續參加了 RIMPAC 的聯合演習。我們或

---

[98] 佐道明広，《戰後政治と自衛隊》，頁 150。
[99] Fred Green, "The Unite State and Asia in 1981," *Asian Survey* 22, no.1 (Jan., 1982): 6.
[100] Green, "The Unite State and Asia in 1981," 6.
[101] 佐道明広，《戰後政治と自衛隊》，頁 151。
[102] 大平正芳為吉田路線的忠實支持者，鈴木幸善對防衛問題缺乏深刻的經驗。

許可以認為，這或許是受到海自創始之初，始終與美海軍保持
著友好關係的影響。

四、61中期防衛力整備計畫

日本在結束了兩次的中期業務預測計劃後，卻於1986年度重新
回歸到過去X次防的防衛計畫訂定方式，也就是說防衛計畫的訂定
又從防衛廳回到政府的手上。按照官方的解釋是認為，從更適切地
確保文民統制之觀點來看，由政府來指示中期防衛力整備方向的內
容與經費是比較好的。於是便於1985年9月18日通過「中期防衛
力整備計畫」[103]。本次的中期防衛力整備計畫的年度為1986（昭和
61）~1990年，故又稱為「61中期防」。

「61中期防」中，關於海上自衛隊的最大特點在於特別強調「海
洋上的防空」。在「主要整備內容」中的「周邊海域的防衛能力與海
上交通的安全確保能力」此一項目中提到：「以特別舉行之關於海上
防空體制的理想狀態之檢討結果為基礎，在檢討關於提升護衛艦的
防空飛彈系統上，採取必要的措施。[104]」

為何日本會在此時特別強調海上防空的重要性呢？依據防衛白
書的解釋，主要是體認到近代軍事科技的發達，使得飛機的續航力、
射程等能力提升，加上長程飛彈的出現，讓敵方可以在遙遠的海洋
上、以及防空飛彈艦艇的射程之外發射飛彈攻擊陸上的基地與雷
達。而日本當下的防空系統很難應付這種來自海上的飛彈攻擊，所

---

[103] 朝雲新聞社，《防衛ハンドブック2006》，頁97。
[104] 朝雲新聞社，《防衛ハンドブック2006》，頁98。

以應當加強海上防空系統[105]。於是日本便在 1986 年開始設置了「海上防空體制委員會」，專門討論理想狀態的海上防空體制。

　　1987 年 12 月的檢討結果認為，為了防禦來自海上的飛彈攻擊，除了需要早期預警系統 OTH 雷達與攔截航空機加上早期預警機的組合對抗敵方飛機之外，對於發射的飛彈則使用性能更高的神盾防空系統加以對抗將是有效率的。故得到的結論是若要提昇護衛艦的防空系統，則神盾系統將會是最適的候選系統[106]。於是這便促成了神盾系統的導入。

　　而佐道明廣則認為，若是只是單純維持能夠應付前述「限定與小規模的侵略」的基本防衛力的話，則也可以採用定翼機等航空兵力加以對抗之，故其主要目的就是在取得神盾系統。加上在中期防制訂的 1986 年 9 月 18 日當天，將原本預定的 F15 取得機數由 155 增加到 178，P-3C 由 75 增加到 100 架，這主要都是要為了封鎖蘇聯的整備方針。也就是說雖然「中期防」寫著以「大綱」為基礎進行整備，但是實質上卻是以 Sealine 防衛為中心，開始邁入美日防衛合作的領域。而之所以不修改防衛大綱而改透過「中期防」的原因，乃是為了避免在國會造成與反對黨的激烈辯論[107]。

　　除了導入神盾艦之外，海上自衛隊新建造的「春潮級」潛水艇也全數配備魚叉飛彈以及 TASS 系統，增強了反艦與反潛能力。另外也將新建飛彈快艇以取代舊有的魚雷艇，此飛彈快艇也配備了魚

---

[105]《1987 年防衛白書》網路版，http://jda-clearing.jda.go.jp/hakusho_data/1987/w1987_03.html (2007/5/29)

[106]《1988 年防衛白書》網路版，http://jda-clearing.jda.go.jp/hakusho_data/1988/w1988_03.html (2007/5/29)

[107] 佐道明広，《戰後政治と自衛隊》，頁 159-160。

叉飛彈，大大增強了沿岸的水面作戰能力[108]。到了本時期結束時，海上自衛隊的發展已經與現今的規模大致上相同。

　　回顧這四十年的發展，我們可以知道海上自衛隊的重建與發展是與美國海軍密不可分的。而更重要的就是，二戰結束後，日本對於防衛問題可說是噤若寒蟬而不敢進行軍事變革。這樣的情形造成90年代之後日本開始積極彌補過去五十年來的防衛漏洞，但這也造成了中國或是韓國的錯誤解讀，誤以為日本又要走軍國主義的老路子。

　　除此之外，海自重建多半是舊海軍人士自主性的發展加上美海軍的支援，與陸上自衛隊重建的過程中完全受到美軍顧問團的主導方式有著極大的不同[109]。而海自重建的過程也是先注重反潛能力，然後到了1977年開始才加強反艦能力，到了1989年才大幅提升防空系統能力。值得注意的是，這些年來並沒有針對島嶼防禦、或是彈道飛彈等方面進行改革。

　　但是，隨著冷戰的結束與蘇聯的瓦解，原本被設定來對抗與封鎖蘇聯的海上自衛隊如今已經失去了頭號假想敵。那麼、擁有強大戰力的海上自衛隊，究竟在往後的日本、東亞、甚至國際社會上扮演何種角色呢？為了瞭解這個問題，我們必須要去探討冷戰後日本所追求的總體戰略目標為何，然後才能解釋自冷戰與911後上自衛隊的種種行動的意義。

---

[108] 此飛彈快艇並沒有名稱，以 PG-821 為首艘的代號，一共建造了三艘。
[109] 增田弘，《自衛隊の誕生》，頁 12。

第三章　日本的國家戰略目標

　　在本章第一節中將會解釋何謂日本追求的「普通國家」，他是源自於何時？其本質與內涵又是什麼呢？第二節則將描述將日本打入非「普通國家」的兩大原因之一的憲法問題，正是由於日本特有的「和平憲法」，才促成如今的問題。有了對日本追求普通國家的認識與暸解之後，在去看待海上自衛隊近年的行動與轉變，方能從較宏觀的角度去解釋其背後真正的原因，而非單純地認為是軍國主義的復甦。

第一節　普通國家的起源與本質

　　本節將介紹普通國家這個概念為何，以及其歷史背景與意義。我們可以發現，日本追求普通國家是出自於一種自主性，而且其並非只著重於軍事角色的擴大，因為日本從來沒有放棄其固有的經濟角色。他只是使用其綜合力量去追求成為一個普通國家的目標而已，並非要回到二戰時代的大東亞共榮圈。

一、日本為何不普通？

　　日本為何不是普通國家？我們常常用「這個人不正常」來形容一個行為異於常人之人。比方說在一個班級中分成了甲與乙兩大敵對陣營，而 J 同學隸屬於甲方。平常 J 同學會賣一些自家生產的商品給甲與乙兩陣營的同學，獲得不少利潤，成為班上僅次於 A 同學的有錢人。

　　雖然 J 同學平常與其他同學保持有好關係，但是他們還是稱呼 J 同學為「不正常」的人。這主要是因為 J 同學雖然是隸屬於甲陣營，但卻從未參與和乙陣營的鬥毆對抗。雖然 J 的家中擁有許多槍枝與彈藥，但他卻老是說：「家法規定不可以與他人發生武力衝突」。於是 J 就這樣一邊從事生意，一邊享受由甲陣營所提供的安全保護。

　　有天，乙陣營的頭頭 S 同學宣佈放棄對立，教室似乎即將能保有永久的和平，但是原本那些甲、乙陣營下的老二、老三卻紛紛竄出頭來。I 同學有次打傷了 K 同學並且搶走了他的財產，這對號稱勝利的甲陣營老大 A 很不爽，號召全班同學討伐 I。就在每個人要求 J 同學拿出家中強大的火力助陣時，J 同學卻畏畏縮縮，還是辯稱：「家法規定不可與他人發生武力衝突」。這時全班都不高興了，因為 J 同學能夠賺取那麼多的金錢，一直以來都是依靠甲陣營每位同學的保護，現在居然在發生事故時卻仍置身事外，真是一個「不正常的傢伙」。

　　以上所形容的狀況，便是日本在波灣戰爭時所遇到的窘境，這也正是日本為何「不普通」的原因。由於日本憲法規定不可以以武力解決紛爭，同時也無法行使集體自衛權。也就是說，就算 J 同學在路上看到屬於甲方陣營的同學被人打了，他只能呆呆地站在旁邊

而不能出手相助。作為一個世界上前幾名的經濟大國，日本從世界各地的貿易中獲取了許多利益，但他多年來始終在防衛議題上居於弱勢，甚至是舉足無輕重的地位。

因此，這便是日本在冷戰結束後希望能夠追求普通國家的原因，他希望自己能夠發揮與其經濟地位相符合的國際角色，把國際上理所當然的事情，就當作理所當然的事情來做。然而，這個對普通國家的追求並非憑空冒出，而是起源於一種追求「自主性」的心裡。以下便描述「普通國家」這一國家戰略的起源。

二、普通國家的起源

提出普通國家論的人是日本的政治人物小澤一郎，但其此種思想並非起源於他，而可以更往前推至中曾根康弘、大平正芳等人。

一直到 1970 年代為止，日本的外交幾乎都是一面倒向美國，並且也缺乏自己的外交思維。但隨著美國在越戰的失敗，其國際影響力與 60 年代末至 70 年代初走下坡時，剛好給予日本發展「自主性」的機會。這種自主性首先反映在防衛問題上。1967 年佐藤榮作首相在國會的演講中強調「要有以自己的雙手守衛自己的國家的氣概」；1970 年擔任防衛廳長官的中曾根宣揚所謂的「自主防衛」[1]。

到了 1978 年，日本的野村綜合研究所提出了「國際環境的變化和日本的對策」報告，該報告認為日本不僅要重視經濟方面的安全保障，更要重視美蘇之間的軍備競賽，制訂綜合性的安全保

---

[1]　李建民，《冷戰後日本的普通國家化與中日關係的發展》（北京：中國社會科學出版社，2005 年），頁 44-45。

障戰略[2]。1979 年大平正芳擔任首相後，更是將此概念發揮。他邀請了各方學者組成政策研究會，並且做成了著名的「綜合安全保障戰略」報告，這主要是要求日本要綜合地運用政治、軍事、外交等各方面的力量來保障安全與和平。該報告並且認為，隨著日本經濟成長，日本不該只是一味仰人鼻息的被保護國[3]。

　　我們可以發現，過去日本重視的是重經濟輕軍事的吉田路線，但在綜合保障戰略的觀念下，長期以來被忽略的軍事力與政治力也被提升到與經濟平起平坐的地位。若是拿薄富爾的總體戰略觀來看，則政治與軍事都將與經濟並列在運作戰略（Operation Strategy）的階層。

　　這個追求自主性的想法到了中曾根康弘的時代時，有了更大的突破。中曾根康弘於 1982 到 1987 年之間擔任日本首相，其間他提出了所謂「政治總決算」、「政治大國」、「國際國家日本」等概念，而他所要追求的就是一個更積極參與國際事務的日本國。在中曾根上台之後，他便不斷地強調現在正是日本承擔更多防衛責任的時刻，而不是只注重於微晶片的製造（意指經濟）。雖然中曾根有時因為反覆不定而被人稱為「風向計（weather vane）」，但他在基本主張上卻是從來沒有改變。也就是他在選舉時所強調的：日本應該在國際事務上找到他自己的位置[4]。

　　在 1983 年於 Williamsburg 所舉行的經濟會議上，中曾根在聯合聲名中加入了「我國（日本）的安全是不能被分割的，它必須以國

---

[2]　樊勇明、談春蘭，《日本的大國夢》（台北市：五南出版社，1993 年），頁 16。
[3]　樊勇明、談春蘭，《日本的大國夢》，頁 16。
[4]　Clyde Haberman, "Japanese Leader Escapes The Gray Areas," *New York Times* (Late Edition, East Coast), 3 Jul 1983, A3.

際為基礎的方法來加以處理。」雖然這句話聽起來並沒有什麼特別的地方，但這卻是日本第一次承認日本應與西方國家負擔一樣多的防衛責任，如同西方國家對日本的防衛一樣[5]。然而中曾根康弘雖然追求日本的自主性，但在實際的防衛問題上，他仍然必須依靠美國。在中曾根康弘任內不但修補了前任首相鈴木善幸遺留的美日關係惡化問題，同時也購買了神盾驅逐艦，回應美方加強防衛的要求。然而，這並不是完全對美國一面倒，而是把美國當成走向政治大國的敲門磚。他主要是想與美國共同分享權力，以提高日本的地位[6]。這種與美國合作的方法，其實一直延續到現今，因為日本畢竟不能單靠自己的力量維持區域的穩定，保衛自己的利益。

　　總結來看，不論是政治大國或是國際國家的口號，按照 1983 年日本「外交藍皮書」的說法，其核心都是強調把「日本迄今以經濟為中心的作用，擴大到政治方面去」、「採取國際性的負責行動，貫徹長期一貫的政策」、「展開符合國力和國情的自主積極外交」[7]。然而，雖然日本在 1980 年代高唱自主外交、政治大國，但實際上他仍然缺少參與國際事務的實績。在第五章會提到，1987 年雷根曾經希望日本能夠派掃雷艇前往波斯灣掃除兩伊戰爭產生的水雷，畢竟這也關係到日本的石油輸入問題。但即使是中曾根，他也礙於憲法與民意的問題，最後終究還是拒絕了此事。

　　一直要到 1990 年代的波灣戰爭時，日本遭受到所謂「波灣戰爭的創傷」後，才促使日本民意發生基礎上的改變（見第五章）。受到

---

[5]　Clyde Haberman, "Japan Steps Up Talk Of Arms And World Role," *New York Times* (Late Edition, East Coast), 17 Aug 1983, A1.

[6]　樊勇明、談春蘭，《日本的大國夢》，頁 121。

[7]　李建民，《冷戰後日本的普通國家化與中日關係的發展》，頁 47。

國際「只出錢，不出力」的批判，日本開始認真地檢討自己在國際上的地位。小澤一郎首先提出所謂「普通國家」的概念。小澤認為，所謂普通國家主要有兩個構成要件：第一、對於國際社會視為理所當然的事情，就把他當作理所當然的事情來盡自己責任去實行，特別是安全保障方面。第二、對為構成富裕安定的國民生活而努力的各國，以及對地球環境保護等人類共同課題，盡自己所能進行的合作。由此觀點出發，小澤認為日本戰後過於注重經濟優先而造成日本距離普通國家愈來愈遠[8]。

日本在 90 年代初首次試圖伸張其政治力協調地區穩定的案例發生於 1990 年 6 月於東京舉行之有關於柬埔寨和平會議。該會議邀集了柬埔寨四個主要派系代表參加，試圖解決各方的歧異以及建立一個國家級的會議對外代表柬埔寨主權。但事實上該會議僅僅維持了二十五分鐘便宣告失敗。這是因為赤棉（Khmer Rouge）希望能夠由四個派系平等的會談，但是日本卻宣布是由流亡的施亞努（Sihanouk）親王與韓森（Hun Sen）兩方為主的會談。雖然事前赤棉是以施亞努親王的代表團出席會議，但赤棉卻堅持要求被平等對待[9]。

雖然施亞努親王同議會談結果，但赤棉卻拒絕參與會談，因此施亞努親王認為該會談只能算是成功了一半。相對於此，日本外務大臣中山太郎卻宣稱該會談是「帶領柬埔寨通往和平的關鍵點」。但不管怎麼說，該會談的重點在於日本第一次試圖改變其對於外交事

---

[8]　李建民，《冷戰後日本的普通國家化與中日關係的發展》，頁 40。

[9]　Steven Erlanger, "Cambodia Talks Quickly Collapse With Boycott by the Khmer Rouge," *New York Times* (Late Edition, East Coast), 5 Jun 1990, A10.

物的消極態度[10]。然而本次會談似乎也給日本學習到不少，畢竟要一個缺乏政治影響力的國家協調區域衝突，實在是強人所難。而也似乎為了改善這點，日本於 90 年代初作了兩個重大的轉變：一個是 PKO 法案、一個是 ODA 大綱。

　　PKO 法案將於第五章描述，在這裡先說明日本如何將 ODA 與政治大國的目標結合。所謂的 ODA 乃是 Official Development Assistance 的縮寫，稱為政府開發援助。大致上來說就是拿錢給外國特別是發展中國家，以幫助其經濟建設。根據 OECD（Organization for Economic Cooperation and Development）的 DAC（Development Assistance Committee）所指稱的 ODA 乃具有下列三種特性[11]：

第一、政府或政府機關所提供的資金。

第二、提供的資金目的為參與開發中國家的經濟開發與福利提升。

第三、資金的歸還對開發中國家來說，不能成為負擔。資金的 Grant element 比率[12]要在 25%以上。

　　日本在二戰結束後就開始從事對外經濟援助的工作，但隨著國際環境的改變，ODA 的理念也不斷地在調整。1950~1960 年代日本的對外援助是以「開發援助」為核心理念，主要是結合日本與被援

---

[10] Charles Smith, "Disappointing debut: Japan's effort to promote ceasefire inconclusive," *Far Eastern Economic Review* 148, no.24 (Jun 14 1990): 12.

[11] 渡辺利夫、三浦有史，《ODA（政府開発援助）》（東京都：中央公論新社，2003 年），頁 6。

[12] GE 比率代表一種貸款歸還的容易程度，比率越高負擔愈小，100%的 GE 率代表完全的贈與。見渡辺利夫、三浦有史，《ODA（政府開発援助）》一書，頁 6。

助國的經濟利益。1970 年代則是一種「戰略援助」，主要是以對外援助的方式換取對外經濟、政治、安全方面的利益，尤其是在二次冷戰後，對外援助被視為「綜合安全保障」的手段之一[13]。

過去 ODA 援助所參雜的政治標準成分較少，但到了 1991 年 4 月，日本在閣僚會議中通過對於 ODA 的新理念，即「為了國際軍備管理，將注意被援助國軍事支出的動向」、「為了推進國際社會不擴散大規模殺傷性武器的努力將注意被援助國開發、製造此類武器的動向」、「為了防止國際衝突，將注意被援助國的武器輸出輸入動向」、「注意被援助國在促進政治民主化、基本人權、自由的保障情況，同時還要考慮兩國關係、包括被援助國的安全保障環境在內的國際局勢」，此即所謂的 ODA 四原則。1992 年 6 月 30 日宮澤喜一首相發表包含 ODA 四原則的「政府開發援助大綱」作為 ODA 的法律文件，確定了此一新政策[14]。

簡單來說，就是針對被援助國進行政治上的評估，評估該國是否能夠扮演在國際和平上屬於正面的角色。若有國家屬於破壞和平的一方，則不以與援助。我們可以認為 ODA 大綱帶有理想化的性質，因為既使有此限制，但中國仍然繼續領取日本的 ODA 援助，雖然中國既不軍事透明化、也具有核子武器、更不注重民主化與基本人權。不過，這已經表明日本在 ODA 中引入了政治標準與制裁手段，其「經援政治化」的傾向已經增強。故這與日本追求「普通國家論」的目標是完全一致的[15]。

---

[13] 王鎧，《日本對華 ODA 的戰略思維及其對中日關係的影響》（北京：中國社會科學出版社，2005 年 6 月），頁 23。

[14] 王鎧，《日本對華 ODA 的戰略思維》，頁 103。

[15] 李建民，《冷戰後日本的普通國家化與中日關係的發展》，頁 135。

　　由上述的演變可以看出，日本追求普通國家的思維可以說是一種追求自主性的反應。它源自於對戰後日本狀況的不滿，以及長期以來專注經濟而忽略政治貢獻的反思。所以每當美國地位下降或是國際狀況改變時，這種自主性總是會自然地冒出頭來。如 1970 年美國在越戰受挫時，日本政界便有一股自主防衛論產生；同樣地在冷戰結束前後，日本政界也產生一種世界不再是由美蘇兩國主導的思想，企圖走出兩極政治的框架，雖然當時完全沒預料到冷戰後的世界遠比冷戰前更複雜，更需要美國的力量。但不論是親美、或是多極世界，日本的核心永遠是追求一種自主性的普通國家，這點在未來也不會改變。

三、普通國家的內涵

　　關於何謂普通國家，各方的解釋多半與軍事有關。學者 Bhubhindar Singh 指出普通國家至少具有兩個特徵：第一、根據聯合國憲章 51 條，一個國家在單獨自衛或是集體自衛權上，他是有權力去使用武力以保護自己政治上的獨立、領土完整、以及市民與財產。第二、根據第一點，國家可以去保持能夠維持其在無政府狀態的國際環境中生存之軍事力量。而國家為了確保其生存則必須追求能幫助自己生存的戰略，而此種戰略可以在國內（增加經濟、軍事力量以及制訂良好的戰略）以及國外（去增加自己的聯盟或是削弱敵國的聯盟）中取得。在這些普通國家中，軍事力可以被認為是對

生存與保護人民領土最重要的東西，不論是面對內部或外部的威脅[16]。

　　美國的喬治華盛頓大學教授、中國問題專家哈里.哈丁（Harry Harding）也是從軍備的角度分析普通國家的概念。在他看來，普通國家有三類：一是像英國那樣的小美國，擁有核武器和航空母艦等軍事力量的國家，二是像擁有核武器的中等國家法國或成為沒有核武器的中等國家德國，三是如挪威和丹麥那樣的輕武裝國家。而多數中國的中國學者，也持有如上述的觀點[17]。

　　多數人專注於軍事問題上，也許是受到問題本質的影響。因為誠如 Bhubhindar Singh 所說的，若是拿集體自衛權與武力保有這兩點問題來看，日本的確不是一個普通國家。所以日本要成為普通國家勢必要修改憲法、而修憲的議題勢必也會牽動到集體自衛權、戰力保有這些偏向軍事的議題，故使得多數人因此「見樹不見林」。

　　中國學者李建民卻主張採取一種較廣泛的角度去研究日本的「普通國家化」。他認為日本的普通國家化這一概念不僅僅是日本要在國際事務中做出軍事貢獻這樣一個解釋所能涵蓋的。日本在普通國家化這條道路上所做的貢獻不單單只有軍事，必須要去注意日本的「綜合貢獻」。也就是說，在分析「普通國家化」時，應該進行政治、經濟甚至文化、社會等方面的綜合分析，並把普通國家視為一個過程性和目的性相統一的概念。因此普通國家化這條道路並不是要全面否定過去的國家戰略，而是將其內涵擴充而已[18]。

---

[16] Bhubhindar Singh, "Japan's post-Cold War security policy: Bringing back the normal state," *Contemporary Southeast Asia* 24, no.1 (Apr 2002): 82-106.

[17] 李建民，《冷戰後日本的普通國家化與中日關係的發展》，頁 9。

[18] 李建民，《冷戰後日本的普通國家化》，頁 10-11。

　　我們可以以下圖來表示這種概念。如圖所示，若只關注於軍事
與防衛方面的議題，則容易流於較狹義的普通國家化觀點，反之若
在觀察軍事上的轉變時，搭配其他領域，採用綜合的看法則是廣義
的普通國家化。我們要注意的是，提升本身的防衛能力並不代表這
個「軍事」領域會超越其他領域之上，成為最高指導原則。如果只
採用較狹義的看法，則會得出非常狹義的結果。這種狹義看法多半
認為日本謀求政治大國地位，可以反映出日本新保守勢力急於突破
和平憲法，實現海外派兵的願望[19]。

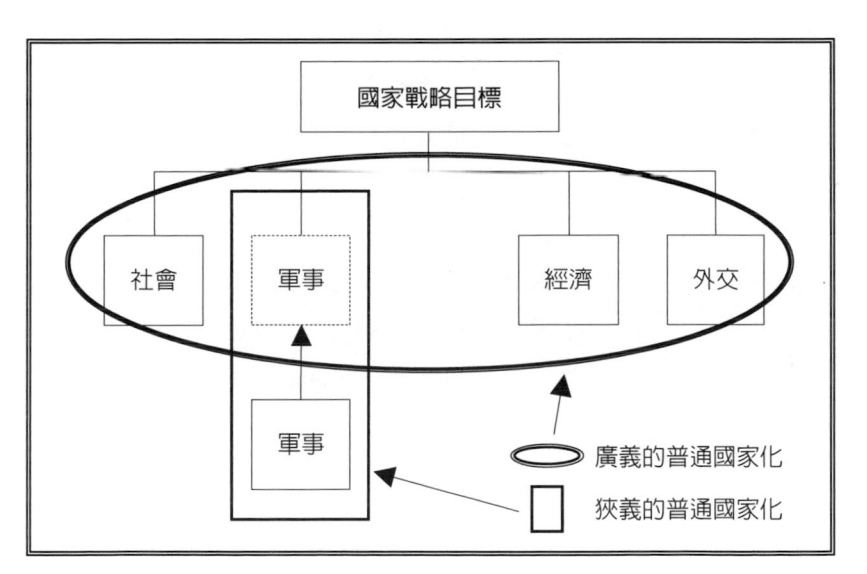

圖 3-1　狹義與廣義的普通國家化

製圖者：趙翊達（2007/6/6）

---

[19] 呂耀東，《冷戰後日本的總體保守化》（北京：中國社會科學出版社，2004
年），頁 151。

對於狹義的看法，但是我們可以合理地問說：「政治大國、海外派兵之後呢？日本的目標究竟是什麼呢？」如果只採取狹義的觀察方式，容易認為日本幾乎只專注於軍事議題而過渡放大了日本在軍事上所做的轉變，並且也很容易與「軍國主義」產生連結。但是這種狹義的觀察方式幾乎看不到這些轉變後的動機。例如在接下來的章節會談到如彈道飛彈防禦、周邊事態、PKO 任務等自衛隊重大轉變時，那些只注重於軍事改變而不注重改變原因的研究者，必定很容易得到軍國主義復甦這類答案。

然而事實上，若能夠把軍事上的轉變看作「廣義普通國家化」這個國家戰略的一環，則我們可以發現這些軍事上的轉變是其來有自，而非盲目擴張。更重要的，我們會發現「軍事」的地位非但沒有超越國家戰略的目標，反而是受到國家戰略的控制。這點與當初二戰的情況截然不同。

本節說明了日本為何不是普通國家的原因主要在於他在國際舞台上的行為無法與其他國家一樣，他沒有集體自衛權，也無法參與聯合國架構下的軍事活動。所以日本必須要追求成為一個普通國家，以負擔起一個經濟大國應有的責任。而追求普通國家，同時也蘊含著日本追求自主性的特質。

第二節　和平憲法的起源與限制

本節將描述日本憲法中極具爭議性的憲法第九條，以及其帶給日本在普通國家的道路上何種限制？

一、憲法九條的制訂原因

　　1945 年日本戰敗，GHQ 進駐日本並且負責管理戰後的日本。為了徹底改造戰後的日本，使其徹底走向和平的道路，有必要改正舊有明治憲法－也稱為大日本帝國憲法。1945 年 10 月 GHQ 向日本提出修改舊有憲法的要求，然而在修改憲法的過程中，草稿被當時「每日新聞」取得後於 1946 年 2 月 1 日公開報導，而這個草稿立刻被 GHQ 翻譯後交與麥克阿瑟。然而麥克阿瑟並不滿意該修正案，於是秘密命令 GHQ 的民政局（GS）做成新的憲法草案，該草案主要有三個原則：天皇仍是國家最高代表、放棄戰爭、廢止封建制度[20]。其中第二個原則就是當今憲法九條的基礎。

　　1946 年 4 月，以 GHQ 為基礎的憲法改正草案正式發表，8 月在眾議院、10 月貴族院通過、11 月 3 日公布，並且於 1947 年 5 月 3 日正式實施。雖然新憲法實施了，但當時韓戰並沒有爆發，故自然預想不到該憲法的第九條會影響往後的日本。然而，憲法第九條究竟是由誰提議的，仍然有許多說法。北海道大學的教授深瀨忠一與憲法學者芦部信喜均認為是由當時的首相幣原喜重郎所提議。

　　深瀨忠一認為，把戰爭放棄與不保持軍備納入憲法條文，主要就是幣原首相的提議。他不認為僅僅是麥克阿瑟的單獨決定，而是幣原首相在考量日本國民的意思、波茨坦宣言等因素後所做的提案，故沒有幣原的話，憲法九條是否能產生，可說是個問題[21]。而芦部信喜則指出 1946 年 1 月 24 日幣原首相訪問麥克阿瑟，與之相

---

[20] 古關彰一，《憲法九条はなぜ制定されたか》（東京都：岩波書店，2006 年），頁 6。

[21] 古關彰一，《憲法九条はなぜ制定されたか》，頁 8。

談包括憲法改正在內的日本佔領問題時，傳達了戰爭放棄的想法，而最後麥克阿瑟也接受了這樣的想法。像這樣認為若沒有以日本國民對和平的希冀為背景之幣原的提案，則九條不可能存在的說法，是多數憲法學者採取的觀點。另一種說法乃是學者五百旗頭真所主張的，該提案為當時外相吉田茂所提出[22]。

　　然而學者古關彰一卻認為，憲法九條的發案者既不是幣原首相，也不是吉田茂，而正是由麥克阿瑟所主導。他在考察當時厚生大臣芦田均的日記後發現，當時的幣原首相其實是反對 GHQ 提出的草案，而吉田茂本人也在回憶錄中否定了幣原提案說。而從實際上來看，1946 年 12 月，由幣原首相自己的內閣所組成的憲法問題調查委員會的松本委員長在帝國會議答辯時說明了憲法改正案中國務大臣權限擴大、自由權利強化等四個原則。然而其中也沒有提及任何「和平主義」或「戰爭放棄」等說法。而這個原本的憲法修正案，身為首相的幣原以及擔任內閣的吉田想必也有聽過才是，故這些發想並非起源於幣原[23]。

　　移除了幣原的因素後，我們可以發現戰後的憲法其實就是麥克阿瑟三原則的反映。故古關認為，戰後憲法並非與美國毫無關係。而戰後憲法的制訂，他認為最主要的目的並不只是讓日本放棄戰爭，而也是一種向聯合國、或是亞洲的戰爭被害國保證日本不再發起戰爭誓約書，以憲法九條為基礎讓日本保留天皇制，然後重返國際社會的一種 Passport[24]。

---

[22] 古関彰一，《憲法九条はなぜ制定されたか》，頁 8-9。
[23] 古関彰一，《憲法九条はなぜ制定されたか》，頁 11-14。
[24] 古関彰一，《憲法九条はなぜ制定されたか》，頁 46-47。

　　如果採取這種解釋，那麼當初向各國保證的重返國際社會誓約書，現在卻成了阻礙日本進入國際社會的障礙了。所以我們可以認為日本戰後的憲法除了有特定的目的，也就是一種向世界保證和平的目的。然而，這個目的在當時也許是有需要的，但是隨著時代的變遷，它似乎不能適應新的環境。而且憲法並不是一經決定後就不可修改，1999 年的經濟學人指出，美國的憲法在 212 年內修正了 27次，而戰後的德國也修正了 42 次之多，沒有其他國家像日本一樣保持了制訂當初的憲法[25]。

　　那麼，皆下來就探討這部憲法最重要的部分：第九條第一、第二項，以及其所帶來的限制。

二、憲法九條的爭議

　　首先列出憲法九條第一與第二項的內容[26]：

- 第九條第一項　日本國民誠摯期盼以正義與秩序為基調的國際和平，永久放棄由國家所發動的戰爭，以及武力威嚇或是武力行使作為解決國際紛爭的手段。
- 第九條第二項　為達成以上目的，不擁有陸、海、空軍或其他戰力。

　　也因為有這兩個項目，使的自衛隊的存在到底是不是違憲，存在許多爭議。一般來說有三種說法：政府的合憲解釋、違憲解釋、

---

[25] "Constitutional talk," *Economist* 350, no.8108 (Feb 27 1999): 25.

[26] 國防部史政編譯室，《2003 日本防衛白皮書》（台北市：史政編譯室，2005 年 3 月），頁 810。

芦田修正解釋。這個問題也是一個普通國家的基本關鍵，也就是一般人都認為，每個國家都該擁有武裝力量來保障該國的基本和平。但由於憲法九條的曖昧不明，使得自衛隊是否是軍隊，仍然受到質疑。因為按照規模與武裝來看，自衛隊確實有軍隊的本質，但自衛隊卻沒有正式軍隊的稱號，權限也比其他各國軍隊來的小。

參照圖 3-2，我們可以比較政府合憲論與一般的違憲論之差異。本圖主要有兩個邏輯，一個是憲法九條雖然規定不以武力作為解決國際紛爭的手段，但並沒有放棄所謂的自衛戰爭，所以自然沒有放棄為了自衛而保有的戰力，而自衛隊並非憲法所稱的戰力，故自衛隊是合憲的。另一個邏輯則是完全相反，否定了自衛戰爭、放棄一切戰力，而自衛隊乃是戰力，所以自衛隊的存在乃是違憲。

遊走於這兩種最極端的邏輯，日本政府的解釋為：九條第一項雖然放棄戰爭，但並沒有放棄自衛戰爭，而雖然放棄了戰力但自衛隊並非憲法所稱的戰力（因為乃是為了自衛的最小限度戰力），所以自衛隊並不違憲。相反的，一般學界通說認雖然沒有禁止自衛戰爭，但是九條第二項宣告放棄一切戰力，而自衛隊正是所謂的戰力，故自衛隊存在乃是違憲的。

另外，也有一個稱為芦田修正的解釋。芦田修正主要是當時擔任憲法改正特別委員會委員長的芦田均對憲法所加諸的修正，一般就是指第九調第二項。該修正主要是在原本九條第一項「永久放棄由國家所發動的戰爭，以及武力威嚇或是武力行使作為解決國際紛爭的手段」之後，加上由芦田均所提案的「為達成以上目的，不擁有陸、海、空軍或其他戰力」。這邊的邏輯在於所謂「為達成前項目的」的目的乃是指第一項的「解決國際紛爭的手段」。也就是說「為了達到不以戰爭作解決國際紛爭的手段，所以才不保持陸海空或其

他戰力。」但除了該目的之外的手段，也就是為自衛而戰是可行的，為了自衛保有武器也是可以的[27]。

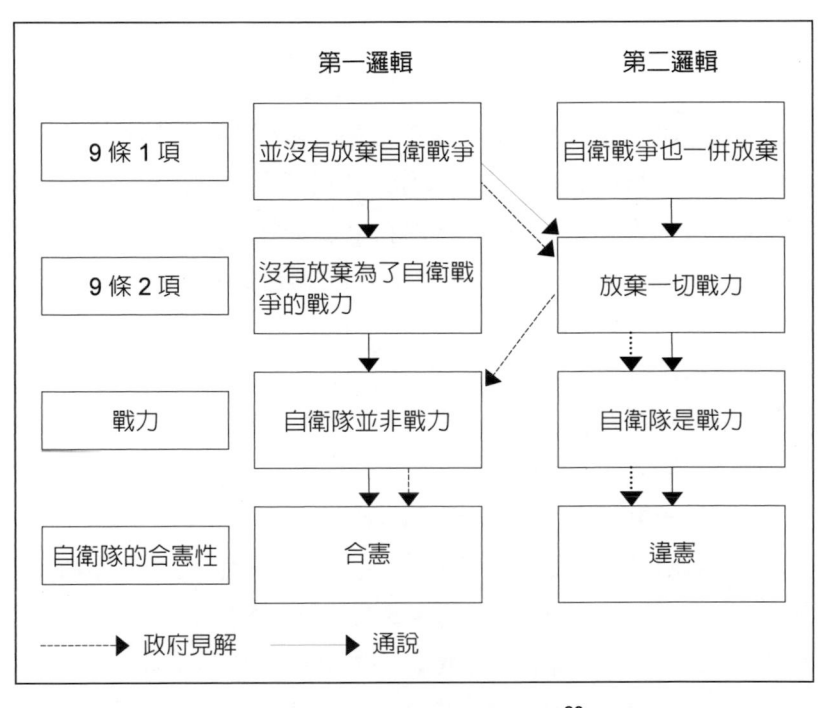

圖 3-2　第九條的解釋比較[28]

因此，對於一個要走向普通國家的國家來說，憲法的存在似乎就成為了一大限制。因為沒有一個國家會對自己所保有的武裝力量

---

[27] 山田朗，《護憲派のための軍事入門》（東京都：花伝社，2005 年），頁 80。
[28] 參考、修改自：学習研究社，《大人のドリル イチからわかる 日本国憲法》（東京都：学習研究社，2004 年），頁 21。

是否違憲有所懷疑。但日本當時接受 GHQ 版本的和平憲法後，便種下了這個關於自衛隊是否違憲的矛盾種子。

　　針對憲法第九條，又有另一個對於自衛權與集體自衛權的爭論。一般來說，所謂的自衛權是指有某國遭受到其他國家的不法武力攻擊之際，在排除此種攻擊時沒有其他手段並且狀況緊急時，可以在不超過必要限度的範圍內採取反擊的權利[29]。另外聯合國憲章第五十一條也明確規定：「聯合國任何會員國受武力攻擊時，在安全理事會採取必要辦法，以維持國際和平及安全以前，本憲章不得認為禁止行使單獨或集體自衛之自然權利。會員國因行使此項自衛權而採取之辦法，應立即向安全理事會報告，此項辦法於任何方面不得影響該會按照本憲章隨時採取其所認為必要行動之權責，以維持或恢復國際和平及安全[30]」因此，日本政府認為日本的確擁有個別自衛權（individual self-defense）。

　　不過比較弔詭的就是後者集體自衛權（collective self-defense）了。日本政府基本上認為，日本在概念上的確擁有集體自衛權的能力，但事實上卻不能去使用集體自衛權[31]。詳細地說，在 1981 年的政府答辯書中認為，集體自衛權是「對本國有密切關係的某些國家使用武力，雖然本國沒有遭受到攻擊，但可以採用實力加以阻止的權利。」於是，集體自衛權是在國際法上作為一個國家的權利，而日本自然擁有該權利。但是憲法九條所能容忍的自衛權行使，其範

---

[29] 淺井基文，《集団的自衛権と日本国憲法》（東京都：集英社，2002 年），頁 86。

[30] 〈聯合國憲章〉，Wikisource。http://zh.wikisource.org/wiki/%E8%81%AF%E5%90%88%E5%9C%8B%E6%86%B2%E7%AB%A0 (2007/5/29)

[31] Helen Hardacer, "Constitutional Revision and Japanese Religions," *Japanese Studies* 25, no.3 (Dec 2005): 238.

圍僅限於能夠防衛日本最小限度，所以集體自衛權的行使超過了憲法的範圍，是憲法上不容許的[32]。所以，由於無法行使集體自衛權，所以便喪失了一個普通國家應有的權力。

　　然而，修改憲法卻是一項將當困難的工作，以日本過去的民意來看，雖然自波灣戰爭之後支持修憲的民意有上升的傾向，但似乎仍無法立即形成一種共識。因此，在不能立即改變憲法的狀況下，日本能採取的手段也就只有「釋憲」這條路。而也正因為無法修憲，所以日本在訂立與防衛相關的政策時，他都必須要找到「不違憲」的解釋方式去訂立新的法律，以支持自衛隊在後冷戰時代、後 911 時代的國際貢獻或國土防衛政策。

　　那麼，在不能修憲的前提下，憲法第九條到底帶給日本防衛上何種限制呢？這便是以下要探討的事項。

三、憲法的限制

　　本小段將簡述憲法帶給日本在國際貢獻與國土防衛上的限制，包括了缺乏戰時體制、每日同盟限制、撤僑限制、武器使用限制、PKO 的限制等，以便瞭解為何日本自冷戰後需要對防衛問題作重要的調整。

　　首先是缺乏戰時體制的問題。在第二次世界大戰後和平憲法之下，日本從法律開始把所有與戰爭有關的條款全部刪除。日本的法律體系成為了與戰爭或軍事完全絕緣的法體系[33]。因此長期以來日

---

[32] 淺井基文，《集団的自衛権と日本国憲法》，頁 233。

[33] 梅田正己，《非戰の国が崩れゆく》（東京都：株式会社高文研，2004 年），頁 23。

本完全缺乏當日本發生戰爭時應有的法律基礎，除此之外對於戰爭一事，民眾也頗有反感。

　　比如說 1965 年爆發的「三矢研究事件」。所謂「三矢研究」的正式名稱是「昭和 38 年度統合防衛圖上研究」，主要是當時的統合幕僚會議事務局長等自衛隊主要幹部想定當朝鮮半島發生的戰爭波及到日本之時，研究相當於「戒嚴令」的戰時法律之整備計畫。在該計畫下，自衛被想定納入美軍的指揮行動之下。而該計畫也制訂了多達 104 個項目的「非常事態處置等法令研究」研究項目。該研究的重點主要包括了：一、確立國家總動員對策，二、政府機關的臨戰化，三、自衛隊行動基礎的達成[34]。不過該研究卻在 1965 年 2 月被當時的眾議院議員所爆料，導致自衛隊與防衛廳同時遭受到嚴厲的批判，這便迫使了往後關於「有事法制（戰時法制）」的研究全部地下化[35]。

　　缺乏有事法制使得日本在面對與軍事防衛有關的狀況時顯得手足無措。1976 年 9 月 6 日一架當時蘇聯最新銳的米格 25 突然從蘇聯飛向日本北海道的函館機場，並且強行降落。雖然事前航空自衛隊的雷達有捕捉到該戰機，但米格 25 採取超低空飛行導致最後空自無法追蹤。該米格的駕駛 Viktor Ivanovich Belenko 中尉乃是為了逃離蘇聯，並向美國要求政治庇護，才駕機飛往距離最近的日本北海道。

　　然而，當 Belenko 中尉在著陸之後，為了表示自己不抵抗於是用手槍向空中射擊時，函館機場的人員立刻打電話給陸上自衛隊函

---

[34] 山田朗，《護憲派のための軍事入門》，頁 87。
[35] 山田朗，《護憲派のための軍事入門》，頁 88。

館基地，但是自衛隊卻以「沒有法律根據」為理由而無法行動。等到有傳言蘇聯會為了奪回米格 25 而派兵時，陸自才在沒有防衛出動命令下出動。因此，考慮到這樣的緊急狀況，1977 年福田赳夫首相才指示防衛聽研究「有事法制」[36]。然而，日本直到 2003 年為止，仍然缺乏戰時相關體制。這也許是因為人民在和平憲法下對戰爭的反感所導致。

在美日同盟方面，由於缺乏集體自衛權，因此兩國無法在「平時」有正當的合作。比如說 2001 年 9 月 21 日，美國海軍的小鷹號一早就從橫須賀港出發，準備前往 1400 公里遠的硫磺島進行訓練，而海上自衛隊則首次派出護衛艦隊替美軍警戒護航，同時海上保安廳也派出 90 艘船隻一起行動[37]。這件事雖然看似平凡，但事實上卻沒有法律上的基礎。因為美日雖然有安保合作，以及周邊事態（見第四章）相關法律當作雙方互動的基礎，但那僅只限於「周邊有事」之時，所以平時這種替美軍護航的任務，是缺乏法律基礎的。

因此早在出港之前駐日美軍的海軍司令部就已經詢問過海上自衛隊，是否能夠提供小鷹號在東京灣航行時的護衛任務。但由於平時負責警備日本領海的乃是海上保安廳，故美軍先向保安廳要求警備工作，然後再同時向海自提出要求。對於此向要求，由於沒有前例，所以只能依照「防衛廳設置法」第五條第十八項的規定「為了

---

[36] 志方俊之編，《面白いほどよくわかる自衛隊》（東京都：日本文芸社，2004 年），278-279。

[37] "U.S. Flattop Kitty Hawk Sails out of Yokosuka," *Jiji Press English News Service*, 21 Sep 2001.

遂行負責之任務，採取必要的調查與研究」，派遣海自的護衛艦擔任護航警戒[38]。

　　由於理由不太能讓他人接受，所以也許會造成外界對日本的負面看法，好像日本很愛使用歪裡去執行軍事行動，好像日本又要復甦其軍國主義的老路子。但其實不然，這只不過是起因於憲法沒有賦予日本集體自衛權的權限而已。加上與美國的同盟關係對日本來說又相當重要，若是無法建立信賴則有違日本國益，故只好採取奇妙的法律解釋去填塞憲法的不足。如此看來，若沒有一個普通國家應有集體自衛權，則很難有效實現同盟的意義與利益。

　　另外當某國或是周邊地區發生戰爭，自衛隊要執行撤僑任務時，同樣也受到憲法的限制。比如說若是朝鮮半島發生戰事，韓國的首都首爾內勢必有許多日本僑民。各國政府均可緊急派遣部隊以救出其僑民，但「不可前往危險地點」之自衛隊，只好悠悠然地在釜山附近「待命」[39]。另外，1997 年 7 月柬埔寨發生動亂，當地的各國僑民都深處險境。然而各國政府均立即派遣空軍軍用飛機到當地，想盡辦法救出自己的人民。而日本政府反應雖然遲鈍，但還是決定派遣空自 C-130 運輸機。不過最後還是只能停留在泰國的海軍基地待命[40]。

　　日本學者桃井真認為，之所以判斷狀況如此遲緩，主要是根據憲法「不可以飛往安全衝突地區」這個規定來判斷所造成的。他又

---

[38] 朝日新聞自衛隊 50 年取材班，《自衛隊—知られざる変容》（東京都：朝日新聞社，2005 年），頁 28-29。

[39] 國防部史政編譯局，《日本自衛隊的實力》（台北：國防部史政編譯局，2000年 11 月），頁 126。

[40] 桃井真，國防部史政編譯局譯，《2001 年日本軍力》（台北：國防部史政編譯局，1999 年），頁 87。

假設，若柬埔寨的情況更加惡化的話，則自衛隊的飛機是否又能夠直接飛往柬埔寨呢？所以他認為日本的法律，尤其是法律的解釋，目前有例子顯示他們妨礙保護日本人的生命安全[41]。

而在武器使用的限制上，同樣限制自衛隊作為一個普通國家的軍隊之效能。比如 1999 年的能登半島不審船事件（見第四章），便充分顯示出海上自衛隊與海上保安廳無法正常執行一個普通國家應有的正常領海防衛手段。而在海外的 PKO 任務上，至少在 2001 年之前，自衛隊僅僅能使用武器保護自己與同僚。至於對民間人或他國軍隊遭受攻擊時，自衛隊都不能使用武器加以保護。

1993 年日本剛剛執行戰後首次的 PKO 任務時，發生了兩名參與 PKO 選舉監視任務的日本平民死亡事件。那時自衛隊受到政府的秘密邀請，希望能夠保護日本的選舉監視員。原本 PKO 法案有包括「緩衝地帶以及其他地區的駐留、巡邏」這一項，但在國會審議時被凍結，因為該任務是「和平維持軍（PKF）」的任務[42]。因此，當是在柬埔寨的自衛隊，只好以「情報收集」的名義組成以八人為一組的 Team 共八個，到處去投票所巡邏。當選舉監視員或是同僚遭到攻擊使，便使自己陷入火線中形成「正當防衛」，然後加以反擊[43]。

以上僅是舉一些例子來告訴各位，日本雖然自 90 年代以後開始走向普通國家之路，但憲法上並沒有給予其充分的行動自由。不過日本並沒有因為這樣就暫停了腳步，至少在軍事與防衛議題上，日本所採用的方式為訂立特別法案、或是解釋憲法，以規避憲法九條的制約。當然長期下來，會造成不瞭解實情的人對此一行為的誤解。

---

[41] 桃井真，《2001 年日本軍力》，頁 87-88。

[42] 朝日新聞自衛隊 50 年取材班，《自衛隊－知られざる変容》，頁 142。

[43] 朝日新聞自衛隊 50 年取材班，《自衛隊－知られざる変容》，頁 143-144。

　　因此，在第四與第五章中，我們將討論以 1990 年後海上自衛隊為主要研究對象，說明其近年所做的轉變並非是要復甦其軍國主義，而是一系列針對普通國家所做的行為。換言之，這些只不過是從屬於國家戰略之下的行動，其政治性意圖遠高於軍事性意圖。

　　本節說明了限制日本無法成為普通國家的主要原因：憲法。由於憲法否定了日本的交戰權以及戰力保持，所以自衛隊的合憲性一直受到質疑。加上日本在憲法解釋上不允許擁有集體自衛權，故而也阻礙了日本與美國的軍事同盟，或是限制自衛隊在撤僑上的功能。最後，缺乏戰時體制也造成自衛隊在國土防衛時的漏洞。

第四章　海自與國土防衛

本章將要探討自波灣戰爭後，海上自衛隊針對國土防衛領域中所做的功能轉變。包括了彈道飛彈防禦、周邊事態與領海防衛上的應對。而這些功能上的轉變都是否是為了補足過去日本所遺留下來的防衛漏洞？還是軍國主義呢？

第一節　飛彈防禦

飛彈防禦乃是日本近年來受到重視的防衛項目之一，這主要是因為日本身旁有個擁有洲際彈道飛彈、核子彈頭的北朝鮮之影響。

一、彈道飛彈防禦之起源

彈道飛彈的防禦是起源於美蘇冷戰時期，雙方為了免於遭受對方的洲際彈道飛彈之攻擊而研發的防禦系統。然而，彈道飛彈的攻擊技術發展卻遠遠領先於防禦系統的發展，畢竟這就如同「用一顆

子彈去撞擊另一顆子彈」一樣地困難。最早發展出飛彈防禦系統的乃是蘇聯的 SA-5 禿鷹（Griffon）式高空層防空飛彈[1]。

　　然而美國卻是比蘇聯更早開始研究飛彈防禦系統，早在 1957 年開始美國就著手研發 Nike-Zeus 式反彈道飛彈系統。1967 年，美國公佈了哨兵（Sentinel）彈道飛彈防禦系統，這是一種防衛美國各大城市的區域防空的系統。但是到了 1969 年美國決定將此系統縮小後命名為安衛系統（Safeguard），是專注於防禦美國飛彈基地的點防空系統[2]。

　　然而 1972 年的反彈道飛彈條約（Anti-Ballistic Missile Treaty）簽訂後，卻阻礙的飛彈防禦的發展。此條約的精神是基於若是美蘇雙方都具備脆弱的防衛能力，必然不敢首先發動攻擊，因為那將會導致對方之報復，然後促成相互保證毀滅（MAD）[3]。自此之後，彈道飛彈防禦的研究就緩和了下來，直到第一次波灣戰爭之後，老布希有感於伊拉克的飛雲飛彈造成的破壞力，於是重拾彈道飛彈防禦的概念，將其縮小後改名為反制有限打擊全球防護（Global Protection Against Limited Strikes, GPALS）[4]，此後飛彈防禦的角色就轉向對抗中短程的彈道飛彈以及對抗有限的洲際彈道飛彈[5]。

---

[1]　徐家仁，《彈道飛彈與彈道飛彈防禦》，初版（台北市：麥田出版社，2003年），頁 156。

[2]　"Ballistic Missile Defense," http://www.centennialofflight.gov/essay/SPACEFLIGHT/missile_defense/SP39.htm (2007/5/29)

[3]　"Getting Past 'Star Wars'," *Wall Street Journal* (Eastern edition), 4 May 2001, A14.

[4]　日本岡崎研究所彈道飛彈防禦小組，曾祥穎譯，《新核武戰略及日本彈道飛彈防禦》，（台北市：史政編譯室，2004 年。），頁 18。

[5]　徐家仁，《彈道飛彈與彈道飛彈防禦》，頁 153。

　　1998 年 8 月 31 日，北朝鮮發射大浦洞一號飛彈越過日本上空後墜入太平洋，引起日本的恐慌，促使了日本與美國在 1998 年 12 月的安全保障會議上決定與美國共同研究彈道飛彈防禦。到了小布希上台的 2001 年，為了對抗所謂流氓國家的威脅，美國打算退出 ABM 條約。主要的觀念在於相互保證毀滅的觀念雖然可以抑制美蘇間大國的核子戰爭，卻壓抑不了傳統區域衝突，加上對於擁有彈道飛彈的流氓國家來說，不能期望他們能夠理性計算發射飛彈的後果，因此根本無法確認傳統的核子嚇阻是有效的[6]。

　　2001 美國遭受 911 恐怖攻擊後，証實傳統的核子嚇阻對恐怖主義是無效的。美國為了發展彈道飛彈防禦系統，便於 2002 年 6 月正式退出反彈道飛彈條約，自此之後便可毫無顧忌地實施各種飛行測試，以加速計劃的進度[7]。

　　彈道飛彈防禦在過去分為 NMD 與 TMD 的差別。NMD（National Missile Defense）為國家彈道飛彈防禦系統，主要是用於保護美國本土，而 TMD（Theater Missile Defense）為戰區彈道飛彈防禦系統，用來保護前進部署的美軍，或是使同盟國免於中短程彈道飛彈的威脅。因此，日本政府於 1998 年與美國共同研發的項目就是 TMD 中的海基戰區廣域防禦系統（Navy Theater Wide Defense, NTWD）以及陸基的 PAC-3 防空系統。NTWD 系統主要是使用搭載 SPY-1D 相位陣列雷達的神盾艦，搭配可以在外太空攔截彈道飛彈的 SM-3 標

---

[6] 日本岡崎研究所彈道飛彈防禦小組，《新核武戰略及日本彈道飛彈防禦》，頁 22。

[7] 日本岡崎研究所彈道飛彈防禦小組，《新核武戰略及日本彈道飛彈防禦》，頁 63。

準防空飛彈，負責防禦敵方彈道飛彈飛行的第二階段：Midcourse Phase。

　　日本自1999年開始與美國共同研發彈道飛彈防禦系統，經過五年的研究之後於2003年12月在安全保障會議上同意引入PAC-3以及NTWD系統，正式組建自己的彈道飛彈防禦機能，並發表了「關於彈道飛彈防衛系統整備」（弾道ミサイル防衛システムの整備等について）閣議決定文書，認為彈道飛彈防禦系統是一種純粹的防禦手段並且也無可替代，是最適合以專守防衛為主旨之日本防衛政策[8]。因此，接下來就探討海上自衛隊在飛彈防禦中所扮演的角色。

二、海自在飛彈防禦的角色

　　日本採取的海基戰區廣域防禦系統是以海自已經擁有的金剛級神盾護衛艦為平台，搭載能夠在外太空攔截敵方飛彈的SM-3型標準防空飛彈。NTWD最初是由美國於1996年所提出，它與THAAD一樣都是屬於高層（Upper Tire）的防禦系統，有別於低層（Lower Tire）的PAC-3終端防禦系統。而美國與日本所共同研究的NTWD，主要就是在於SM-3飛彈的研發，包括了飛彈鼻錐罩、動能獵殺載具、紅外線尋標器、第二節火箭引擎等四項，而SM-3中的第二節火箭引擎是最關鍵的部份[9]。

　　考慮日本可以使用的飛彈防禦方法，似乎也只有在Midcourse Phase以及終端階段（Terminal Phase）時加以攔阻是可行的。而所

---

[8]　〈弾道ミサイル防衛システムの整備等について〉,《2005年防衛白書》網路板：http://jda-clearing.jda.go.jp/hakusho_data/2005/2005/html/17s35000.html (2007/5/29)
[9]　徐家仁,《彈道飛彈與彈道飛彈防禦》，頁234-235。

謂「攻勢防禦」，也就是在敵人有發射飛彈之意圖時，先行攻擊其飛彈基地破壞其意圖之方法，對於日本來說是不適合的，這主要是考量到周邊國家對於日本擁有攻擊性武器的想法。因此，若是有必要對敵人飛彈基地發起攻擊時，基本上將由美軍來負責此項作戰[10]。

海上自衛隊早於 2002 年便計劃建造新型的護衛艦「愛宕級（あたご）」以因應飛彈防禦的需求。此艦於 2004 年開工建造，於 2007 年 3 月服役。此級外型上與現有的金剛級大致相同，基本排水量 7700 噸，但比金剛級多了直升機機庫，空間雖然可以容納兩架，但標準配置為一架。另外其桅杆的設計也考慮了隱蔽性而採取比金剛級更簡潔的設計，而其神盾系統則是 baseline 7 的衍生型。愛宕級目前預計生產兩艘，第二艘足柄（あしがら）號將於 2008 年三月完工[11]。

除了新造的愛宕級之外，現有的金剛級也將進行改裝工程，使其能夠負擔彈道飛彈的任務。海自於 2004 年度開始進行改裝，在 2004、2005、2006 年間，每年進行一艘金剛級的改裝作業，使其能夠搭載 SM-3 標準防空飛彈。

SM-3 為新開發專門用來迎擊彈道飛彈的武器，其彈頭並沒有裝載炸藥，而是使用所謂的「硬殺（hit-to-kill）」的方式，靠著飛彈飛行的動能去撞擊並且摧毀來襲的飛彈。美國自 2002 年 1 月開始進行 SM-3 的試射工作，到 2003 年 12 月底一共進行六次試射，其中有四次成功，此型稱之為 SM-3 Block 0。而 SM-3 Block I 型為「暫定實

[10] 日本岡崎研究所彈道飛彈防禦小組，《新核武戰略及日本彈道飛彈防禦》，頁106-107。
[11] 学習研究社，《海上自衛隊パーフェクトガイド》，頁 50。〈護衛艦「7700 トン」型〉，《世界の艦船七月号増刊：海上自衛隊 2005-2006》，645 期（2005年 7 月），頁 20-21。

戰型」，主要是為了實用化而進行許多修改，於 2004 年 11 月撥交給美國海軍 5 發。目前正在研製型為 SM-3 Block IA，生產廠商雷神公司於 2006 年 8 月將生產與測試的 29 枚 SM-3 Block IA 交給代表日本與美國的飛彈防衛局[12]，因此改裝後的金剛級配備的類型應為 SM-3Block IA。

　　2006 年 6 月 22 日，美國與日本在太平洋上舉行 Flight Testing Maritime-10（FTM-10）實驗，試射了 SM-3 Block IA，使其在一百公里的上空成功地攔截並摧毀來襲的分離式彈頭（separated warhead）彈道飛彈。參與這項實驗的艦艇除了美國的伯克級驅逐艦 Hamiltion 號，以及搭載專 BMD 系列最新型的 BMD 3.6 戰鬥系統之 Milius 號、提康德洛加級的 Lake Erie 號、Shiloh 號之外，海上自衛隊也派出了金剛級的霧島號，提供 LRS&T 的能力，而這也是第一次在 FTM 實驗中有其他國家的船隻參與[13]，這也足以顯示美日在彈道飛彈防禦之間的合作是相當緊密的。本次試射是 SM-3 系統八次試射中的第七次成功，也是 SM-3 第二次成功攔截分離式彈頭的彈道飛彈[14]。而美國最終計畫讓 15 艘神盾級驅逐艦、3 艘提康德羅加神盾巡洋艦加裝 BMD 戰鬥系統，增強其反彈道飛彈的能力，在 2006 年 6 月為止，共有 12 艘柏克級驅逐艦裝了基本 BMD 系統，隨著往

---

[12] "Standard Missile - Standard SM-3 Block IA," http://www.deagel.com/Anti-Platform-Missiles/Standard-SM-3-Block-IA_a001148009.aspx (2007/5/29)

[13] http://www.armscontrolwonk.com/author/victoria_samson/ (2007/1/30)

[14] Jefferson Morris, "MDA director 'confident' of capability against long-range missiles," *Aerospace Daily & Defense Report* 218, no.60 (Jun 26, 2006): 3.

後預計配置的 BMD 3.6 系統，美國將擁有獨立的中程階段（midcourse）防禦能力[15]。

　　而日本的神盾系統將以 Block 2004 為準，依照 Missile Defense Agency 的標準，Block 2004 搭載的系統為 BMD 3.6、或者 BMD 3.0 戰鬥系統以及 SM-3 Block IA。BMD 3.6 的特色在於增加了一般防空元件以提供區域防空與點防空的功能，而此功能可以與彈道飛彈防禦同時使用[16]。

　　2007 年 3 月 15 日完工的「愛宕級」雖然是最新的神盾艦，不過因為在日本決定參加彈道飛彈防禦計畫前編列預算，所以並沒有搭載 SM3 飛彈，故不能擔當飛彈防禦的任務[17]。也因此，有學者曾經提出建造新型的護衛艦去防衛神盾艦執行攔截任務時產生的防空空檔[18]。似乎真的是為了彌補此一問題，防衛廳於 2006 年 8 月提出的 2008 年防衛預算中，將建造新型的 5000 噸護衛艦，做為高波級的次世代艦艇。專家認為，此新型護衛艦應該會配備 SM-2 飛彈以及相位陣列雷達，以彌補金剛級在執行彈道飛彈防禦任務時所產生的防空漏洞[19]。然而，另一種可能是以新型的愛宕、足柄擔任普通

---

[15] Stephen Trimble and Nick Brown, "US and Japan celebrate ballistic missile intercept," *Jane's Defense Weekly*, 28 June 2006, 8.

[16] "APL: A Technical Lead in Ballistic Missile Defense Flight Test".
http://www.jhuapl.edu/newscenter/pressreleases/2007/070623.asp (2008/01/19)

[17] 〈新型イージス艦が完成／海上自衛隊の「あたご」〉，《四国新聞網路版》。
http://www.shikoku-np.co.jp/national/social/article.aspx?id=20070315000182
(2007/3/16)

[18] 山崎真，〈日の丸 DD（X）と JLCS〉，《世界の艦船》，650 期（2005 年 11 月），頁 94。

[19] 世界の艦船編集部，〈注目の新型艦〉，《世界の艦船》，668 期（2007 年 1 月），頁 142。

防空任務，而以目前正在修改的四艘金剛級擔任彈道飛彈防禦。然而這仍然充滿不確定性，有待到時 5000 噸新型驅逐艦的相關資料公布後，才能得到解答。

2007 年 10 月，改裝完成的金剛號前往夏威夷進行 SM-3 的試射。12 月 17 日 12 時 12 分，金剛號成功地擊毀一枚中距離彈道飛彈靶彈，試射成功。此次試射成功代表日本首次擁有攔截北韓中、短彈道飛彈的能力，可以更有效地保護國民的生命財產安全[20]。

日本從 2007 年度開始配置這些神盾艦，預計在 2011 年才能完全部署完畢，因此在這段時間內的飛彈防禦工作，將由美國派遣自有的神盾艦，在日本海進行防禦任務[21]。

不過，在美日於 2006 年 6 月試射 SM-3 Block IA 成功之後不久，北朝鮮立刻於 7 月 5 日在日本海海域發射七枚飛彈，其中包括了一枚射程 6000 公里，可攻擊美國的大浦洞二型。日本軍事評論家岡部いさく認為，這可能是北朝鮮對 SM-3 試射成功的對抗。在 FTM-10 實驗中擔當發射飛彈任務的美軍巡洋艦 Shiloh 號早在六月就預訂配置在日本的橫須賀港，因此結束 6 月 22 日的實驗後於七月初開始航向日本。而若日本配置了擁有抵抗中程彈道飛彈的 Shiloh 號之後，北朝鮮常打的飛彈牌就有可能漸漸失去效用。於是，北朝鮮為了讓世人知道「我們還有比勞動（蘆洞）飛彈更有威力、可以打到美國

---

[20] 柿谷哲也，〈海上自衛隊金剛號神盾驅逐艦成功試射標準 SM-3 防空飛彈〉，《全球防衛雜誌》，281 期（2008 年 1 月），頁 8。

[21] Richard A. Bitzinger, "Asia-Pacific Missile Defense Cooperation and the United State 2004-2005: A Mixed Bag," *The Asia-Pacific and the United States 2004-2005*, ed. Satu Limaye (n.p. 2005), P3. http://www.apcss.org/Publications/SAS/APandtheUS/ BitzingerMissile1.pdf. (2007/5/29).

的彈道飛彈！」，便於7月5日發射飛彈示威[22]。但不管無論如何，第一艘肩起彈道飛彈防禦工作的 Shiloh 號仍於 2006 年 8 月 29 日抵達日本，而愛宕級的第二艘、也是日本第六艘神盾艦足柄號也於 8 月 30 日下水[23]。

美日共同研發的，還有更下一世代的 SM-3 Block II，此型相較於前面的 Block I 系列外型上已經有很大的改觀，射程範圍也比 Block IA 更廣泛。原本 Block IA 的射程大約有 1200km，所以需要兩艘神盾艦才能涵蓋全日本的防衛範圍。而若是 Block II 的話，僅靠一艘神盾艦便足以涵蓋全日本。另 Block II 的紅外線尋標器具有兩種波長，可以用來辨別偽裝的彈頭，使識別能力提昇了不少。不過其預定生產的時間為 2010 年，因此美軍在此之前使用 Block IA 搭配前述的 2 波長尋標器，形成 Block IB 系列，預計可在 2008 年實用化[24]。另外，美日雙方又於 2006 年 6 月 23 日決議共同開發更新型的 Block IIA。因此在可預見的將來，日本仍然會積極進行 NTWD 的研究與實用化。

而在法律方面，為了讓飛彈防禦能夠有法源上的基礎，日本於 2005 年 6 月 14 日修改了自衛隊法第八十二條有關海上警備出動的規定。主要是讓海上部隊在面對飛向日本之飛彈，在得到總理大臣的同意後加以破壞之。但是飛彈防禦是一項時間緊促的任務，如1998

---

[22] 岡部いさく，〈第 3 回「『テポドン発射』と『弾道ミサイル迎撃』を結ぶ糸」〉。http://bizplus.nikkei.co.jp/colm/okabe.cfm?i=20060705ci000ci&p=3 (2007/5/29)

[23] 山崎真，〈ここまで来たミサイル防衛　その最新技術〉，《世界の艦船》，670 期（2007 年 2 月），頁 83。

[24] 岡部いさく，〈MD 対応型イージス艦のハードとソフト〉，《世界の艦船》，650 期（2005 年 11 月），頁 86。

年從北朝鮮發射的飛彈大約十分鐘後就能抵達東京[25]，故事實上並沒有時間在取得總理大臣的同意後進行攔截。同法又規定，若是緊急狀況無暇取得同意時，則自衛部隊可以依照「緊急對處要領」執行攔截之任務[26]。

另外，日本政府花費在彈道飛彈防禦的費用，自 2004 年起為 1068 億日圓，2005 年為 1198 億日圓，2006 年為 1399 億日圓[27]。這連續三年的費用都不斷地持續增加，雖然單單就飛彈防禦來看是一件好事，但這難免會發生預算排擠的效應。綜觀日本近年來的防衛預算，大多在 4 兆 9000 億日圓左右，若是飛彈防禦之費用持續增加，也許會造成其他方面的不足，加上飛彈防禦系統幾乎都是單方面向美方購買，也無法照顧到國內的防衛產業。但無論如何，現階段依靠美國的力量，實為最佳的方案。

三、飛彈防禦與軍國主義

對於日本從事彈道飛彈防禦，感到最不悅的除了北韓之外，就是中國了。基本上中國的態度是反對美國退出反彈道飛彈條約，China Daily 宣稱此項舉動將會導致軍備競賽反而減少美國的安全穩定[28]。然而一個矛盾的地方在於，持有彈道飛彈防禦系統並不會使

---

[25] 日本岡崎研究所彈道飛彈防禦小組，《新核武戰略及日本彈道飛彈防禦》，頁 120。

[26] 〈自衛隊法第八十二条の二〉，《2005 年防衛白書》網路版，http://jda-clearing. jda.go.jp/hakusho_data/2005/2005/html/17s71000.html (2007/5/29)

[27] 請參照日本財務省的預算書：http://www.mof.go.jp/jouhou/syukei/syukei.htm (2007/5/26)

[28] FENG QIHUA, "US defence system could backfire," *China Daily* (North American ed.), 18 Jun 2002, p3.

得某國更具備對其他國家動武的意圖，因為此系統本身是用來攔截彈道飛彈的防禦性武器，而非攻擊性武器。

　　岡崎研究所的報告就指出，很難認同中國提出的論調，並且認為在後冷戰時期的東亞，中國本身才是大規模擴張軍備的國家，其中更包括了彈道飛彈部隊在內。另外，彈道飛彈防禦為一純粹防禦性武器，唯有在遭受彈道飛彈攻擊時，才會發揮戰力。而為什麼日本需要彈道飛彈防禦？其原因就在於中國與北朝鮮不斷增加其彈道飛彈的數量[29]。也有一種說法是認為，若是日本擁有彈道飛彈防禦能力，則中國將會加速擴軍。但岡崎研究所的報告也指出，又有誰能夠保證只要日本停止進行彈道飛彈防禦，則中國就會停止其二砲部隊的組建，或減少其擁有的彈道飛彈數量呢[30]？

　　又從另一個角度來看，為什麼中國會強調軍備競賽？按照飛彈防禦的觀念來看，當對方擁有更大的防禦能力時，若我方擔心從此無法對對方發射飛彈，則我方自然會想辦法開發更新、更有破壞力的彈道飛彈以突破對方的防禦，結果自然造成軍備競賽。以此邏輯來看，可見中國似乎真的具有攻擊日本的企圖，因為他擔心日本的彈道飛彈會銷毀二砲部隊的能力。又，中國明言日本戰區飛彈防禦系統會損及其嚇阻力一事，適足以證明中國的確將飛彈瞄準日本，違反了「不主動使用」之政令，從而增加日本對中國的恐懼[31]。

---

[29] 日本岡崎研究所彈道飛彈防禦小組，《新核武戰略及日本彈道飛彈防禦》，頁97。

[30] 日本岡崎研究所彈道飛彈防禦小組，《新核武戰略及日本彈道飛彈防禦》，頁97。

[31] 國防部史政編譯局，《美日聯盟－過去、現在與未來》（台北市：國防部史政編譯局，2001 年），頁 255。

　　而中國對日本發展彈道飛彈防禦的態度，可說是相當的不滿，並且常常給其戴上軍國主義的帽子加以批判，認為參與彈道飛彈防禦系統是違反日本「和平憲法」的舉動，是日本長期以來追求軍事大國的夢想。而日本也刻意誇大北朝鮮的飛彈威脅，藉機發展自己的飛彈技術，成為擴大軍事實力的實際步驟[32]。

　　日本擁有彈道飛彈防禦系統，其可預期之目的就是要能夠防止北朝鮮對日本的恫嚇，保障日本人民的安全。加上日本的飛彈防禦手段中，只有 PAC-3 以及 SM-3 Block IA 標準飛彈，這兩項武器前者為彈道飛彈防禦中的最後手段，後者為攔截在外太空的飛彈彈頭，皆不能實行所謂對地攻擊的能力。又要如何與「軍國主義」加以聯想呢？反過來說，本身擁有攻擊性彈道飛彈的中國，宣稱其之所以擁有這些武器為理所當然，是為了保衛自己國土；並且將數百枚短程彈道飛彈瞄準台灣，這樣相較之下，中國對台灣的威脅反而較大。

　　誠然日本目前有學者認為，日本仍然要能夠擁有「先制攻擊」的能力，也就是擁有戰斧巡弋飛彈[33]，但這個考量也與軍國主義扯不上關係。這主要是考量彈道飛彈技術的困難後，認為若能先將意圖發射飛彈的一方之彈道飛彈基地摧毀，就近期而言實為最有效的方法[34]。加上若是真的遭遇到飛彈攻擊後，能立即攻擊敵方基地，進行「第二擊」的報復，也是一種適當的手段。當然日本本身也知

---

[32] 孫連山，楊晉輝，《導彈防禦系統》，初版（北京市：航空工業出版社，2004），頁 304。

[33] 金田秀昭，〈海上自衛隊の現況と将来〉，《世界の艦船 7 月号增刊：海上自衛隊 2005－2006》，645 期（2005 年 7 月），頁 148。

[34] 日本岡崎研究所彈道飛彈防禦小組，《新核武戰略及日本彈道飛彈防禦》，頁 106。

道這種作為容易引起他國（中國、南北朝鮮）的反彈與抗議，故短期內仍沒有取得戰斧巡弋飛彈的打算。

　　反過來看台灣，有一陣子也為了是否購買 PAC-3 而吵的不可開支。反對者中有人認為會造成兩岸軍備競賽，故寧願選擇採用較低姿態以換取和平。這個想法與前述日本的狀況頗有相似之處，所以我們必須問：台灣今天不去購買 PAC-3，有誰能夠保證中國就會把瞄準台灣的飛彈撤走呢？所以這種先放棄自己武裝，憑著對和平的渴望去跟對手談判的作法，在國際社會上似乎是行不通的。

　　簡而言之，海上自衛隊發展彈道防禦飛彈是其來有自，它是為了防衛來自北朝鮮的威脅，建構更完善的防衛機能，並非完全是軍國主義的復甦。

第二節　周邊事態

　　周邊事態主要起源於 1999 年日本所制定的「周邊事態法」所伴隨而來的議題，此法主要給予日本在週邊發生緊急事態，而若放置不處理則將會影響到日本安全時，則日本可以提供美軍後方支援與救援活動，但並不參加直接的軍事活動。

　　此法與其相關法是呼應 1997 年美日雙方所修正之「美日安保新指針」而來，可以說是美日之間冷戰後對於新國際環境的解釋與因應指導，同時也擴大了自衛隊的任務範圍以及與美軍的合作。如果只單純地看周邊事態法的條文，則容易流於「軍國主義擴張」的中國式思考，故必須要對整體環境做一個了解。

一、北朝鮮的威脅

　　冷戰結束之後，雖然蘇聯的威脅消失了，但是在日本周圍仍然有許多不穩定的因素，其中包括了北朝鮮的核武危機以及中國對台灣的威脅。而這個新環境也促成了日本對於自身防衛任務的角色面臨新的挑戰。雖然日本已經參與了國際上的軍事貢獻如波斯灣掃雷活動以及柬埔寨的維和任務。但那畢竟是與本身國防無關的活動，故反過來說，日本在其切身的區域議題上究竟是要扮演更大的角色，亦或是不問世事地孤立，獨善其身？

　　首先敲響這個議題的就是 1994 年由北朝鮮所引發的核武危機。1990 年，美國守先公佈北朝鮮在邊寧地區建設石墨型反映爐，並且譴責北朝鮮發展核武，但北朝鮮也回應美軍在韓國部署戰術型核武。1991 年美國首先撤除在南韓的戰術核武表明誠意，於是到了 1992 年 1 月，北朝鮮同意接受國際原子能總署的核武檢查，雖然在 1992~1993 年間進行了多次檢查，但美國仍然認為其隱藏了核設施與物質[35]。到了 1994 年 1 月 21 日，北朝鮮拒絕了國際原子能總署的例行性檢查。原本國際原子能總署根據禁止核子擴散條約要檢查北朝鮮的核子設施，但北朝鮮外交官聲明：「我們決定遵守的，並不是例行或特別的檢查……而只是對我們的特別的安全設施的持續運轉進行檢查。」然而原子能總署發言人卻認為除了一些維護紀錄之外，他們想要進行更積極如封條與燃料的檢查。但北朝鮮卻加以拒絕。而美國總統柯林頓則認為北朝鮮在製造核武[36]。

---

[35] 吳寄南，陳鴻斌，《中日關係瓶頸論》（北京：時事出版社，2004 年），頁 223。
[36] 〈北韓拒「例行或特別核檢」〉，《聯合報》，1994 年 1 月 22 日，第九版。

事態的走向隨著北朝鮮強硬的態度而更加緊張，美國除了一邊採取會談手段之外，同時也與韓國加強合作，以確保可以防備朝鮮的軍事攻擊。而就在此時，日本的處境變的相當尷尬。據說當時美國向日本防衛廳秘密詢問若美國進軍朝鮮，則日本自衛隊是否能提供掃雷、撤僑、和為美軍補給的任務，但防衛廳以沒有法源依據而拒絕了[37]。而當時日本首相羽田孜也在國會答辯時說：「本人認為我們可以從旁輔助，一如我們在波斯灣戰爭結束後協助清除水雷或醫療援助。但本人認為我們很難派兵配合其他國家的部隊執行任務[38]。」

不可否認，日本的確認為朝鮮危機是一個改變日本民眾對防衛觀念的機會。當時的防衛廳長官愛知和男表示：「如果管理的好，藉由建立一個更積極的防衛政策之公共意識，它可能可以當作去擴大日本角色的機會[39]。」.但這在當時並不是一個簡單的任務，Gerald Curtis 認為日本國內對於日本的國際角色有著內部矛盾：一個是要再區域上做出更多的國際性的貢獻，另一則是為了避面增加危機而什麼都不做。而要改變此現狀是非常困難的[40]。加上當時的鄰國（中國、韓國）都認為日本不該加強軍事上的角色（現在也是），故日本在此階段仍然擺脫不了冷戰時的角色定位。

1994 年的朝核危機最終以和平的方式收場。1994 年 10 月 21 日兩國在日內瓦簽署協定，美國同意以國際合作的方式幫助北朝鮮建

---

[37] 王少普，吳寄南，《戰後日本防衛研究》，初版（上海：上海人民出版社，2003年），頁 232。

[38] 〈羽田：很難配合派兵〉，《聯合報》，1994 年 6 月 14 日，第九版。

[39] David P. Hamilton, "Crisis in Korea Pushes Japan To Review Role" *Wall Street Journal* (Eastern edition), 23 Mar 1994, A1.

[40] Hamilton, "Crisis in Korea Pushes Japan To Review Role," A1.

立兩座可以產生較少鈾的輕水反應爐（Light Water Reactor）幫助其發電，而朝鮮則同意停止其石墨反應爐（graphite-moderated reactors）。同年 10 月，日本宣佈將負擔這兩座輕水反應爐 20%、約 8 億美金的建造費用，而韓國則負擔 70%。當時的日本首相村山富士告訴美方，日本將會在國際性計劃作出積極的貢獻，並且提供僅次於韓國的財物支援。但日本要求許多國家也同時出資，以創造一個明確的國際合作系統以達到避免核擴散的目的[41]。

到了 1998 年 7 月底，總金額敲定為 46 億美元，而日本仍然負擔 20%約 10 億美元的建設費。但相隔不到一個月，就在原本預定簽署決議的 8 月 31 日，北朝鮮發射彈道飛彈飛過日本上空，這使的日本一度決議凍結對輕水爐的資金供應。但是在美國與韓國的催促下，日本還是於 10 月 20 日解除資金凍結。首相小渕惠三表示，KEDO 計劃是相當重要的，故要求外務大臣重新考慮解除凍結[42]。最後此計畫終於在同年 11 月 10 日正式成立，日本仍願意提供 20%的資金幫助北朝鮮建立輕水爐。

雖然此計畫後來因為眾多因素以及北朝鮮的反覆無常至今未能完工，但從這個事件似乎可以看出日本當時仍有意願透過和平的方式解決朝核危機，故一開始就打算提供 20%的資金。但即是在北朝鮮發射飛彈後，日本仍願意簽署 KEDO 計劃，主要原因除了美國與韓國的催促之外，當時的官房長官野中廣務也表示，KEDO 架構是唯一能夠阻止北朝鮮發展核武的實際方法，日本不應當拖延此決議

---

[41] "Japan to cover 20% of new reactors' costs in N. Korea," *Japan Times* 34, no.60 (Oct 1994): 1.

[42] Nakamoto Michiyo, "Japan may resume funding," *Financial Times* (London), 17 Oct 1998, p4.

並使得北朝鮮有理由重新發展核武。於是日本便在未獲得任何道歉下簽署協議[43]。

　　但也有學者認為，日本之所以願意繼續執行 KEDO 計畫，實在是因為 KEDO 是符合日本政府長期的政治目標。當初凍結 KEDO 的目的有兩個：第一是使北朝鮮停止飛彈製造以及發射實驗，第二才是要求對發射飛彈一事道歉。相較之下第一個目的遠高於第二個目的，而日本也知道在北朝鮮議題上他只能靠美國來實施政治影響力[44]。所以日本最終還是得同意在未獲得道歉下解除對 KEDO 的凍結。

　　由此事件似乎可以看出日本在防衛上的無力感。因為日本之前願意採用出資的方式來化解北朝鮮發展核武，但北朝鮮的態度卻傲然不遜，不但宣稱是試射衛星也不願意向日本道歉。縱然如此，日本也還是同意提供資金興建輕水爐。有這樣的惡鄰在身旁，不能不說是一大威脅。故並不是中國所宣稱那樣，日本刻意擴大北朝鮮的威脅，企圖復活軍國主義。反過來說，卻未何不見號稱堅持朝鮮半島無核化的中國出資替北朝鮮興建輕水爐呢？

　　因此，北朝鮮的威脅可說是促成日本重新思考防衛觀念的重要因素之一，也許是受到此威脅的影響後發現金錢與協議並不能完全保障日本之外，也使其體會到日本周邊國家的發展也與日本安全息息相關，因此自衛隊若是繼續採取僅只守衛自家大門口的觀念，就如同隔壁發生火災卻不幫忙救火，最後火勢也終究會延燒到自己家中一樣。這與意圖向外侵略的軍國主義，著實沒有直接關聯。

[43] "Japan Lifts Freeze on 1-B.-Dollar Contribution to KEDO," *Jiji Press English News Service*, 21 Oct 1998.
[44] 宮下明聰、佐藤洋一郎 編，《現代日本のアジア外交》（京都：ミネルヴァ書房，2004 年），頁 108-109。

二、二次防衛大綱與新指針

　　冷戰結束後除了突顯了區域性的不穩定之外，也殘留下美日安保的新定位問題。也誠如某些中國學者所批判的，美日安保的確是冷戰時的產物。但也因為如此，美日安保再後冷戰時必須要找出一個新的定位以確保它功能的持續性。於是，這就產生了日本防衛在二十世紀末十年的重大轉變，其中以二次防衛大綱與新美日合作指針最具有代表性。

　　冷戰結束之後，對於日本在後冷戰國際社會應該扮演何種角色的問題，日本政府內部大致上分為兩派意見。一個是外務省提倡的「美日安保中心」，另一個則是防衛廳提倡的「多邊安全保障論」。後者主要認為在冷戰結束後，聯合國的機能與角色將會提高，因此在顧及美日安保時，也要通過參與聯合國的 PKO 行動，幫助全球性多邊安全保障的推進。而前者則是完全以美日安保為中心，認為應該考慮日本防衛與地區性的安全保障[45]。因此相對之下「多邊安全保障論」在比重上就看沒有那麼重視美日安保。

　　於是當時的首相細川護熙便成立「防衛問題懇談會」，希望能夠研究出未來日本的防衛政策走向。此懇談會以朝日啤酒的樋口廣太郎為主席，因此稱之為「樋口懇談會」。此會包括了前述防衛廳與外務省的兩派人員，在經過議論之後最終採取了防衛廳所主張的「多邊安全保障論」為基礎，於 1994 年 8 月寫成了「日本的安全保障與防衛力之應有狀態：面向二十一世紀的展望」報告書。簡單的說，此報告書提及了三件事：第一、要促進世界以及區域性的多邊安全

---

[45] 佐道明広，《戰後政治と自衛隊》（東京都：吉川弘文館，2006），頁 182。

保障合作。第二、充實美日安保。第三、保持高效能、高信賴性的防衛力，追求主動的、建設的安全保障政策[46]。

此處的關鍵在於，把多邊合作置於美日安保之上導致了美國的憂慮，憂慮是否日本會離開安保體制，使得美國在東亞的影響力減少。於是美國不得不重新評估其東亞戰略，於樋口報告後的六個月後，也就是 1994 年 2 月發表了「東亞戰略報告書」，也稱之為「奈伊構想」。此構想特點在把日本評價地相當高，並且表明在東亞維持十萬人的態勢。在奈伊構想計畫的同時，美國的知日派與日本的知美派也相互交換意見與合作。由於為了拭去美國的憂慮，故日本不得不對樋口報告書加以修改，加上前述的朝鮮半島核危機，終於促成了美日安保再定義，以及防衛大綱的修改[47]。

新的防衛大綱於 1995 年 11 月 28 日通過，其中具有幾下特點[48]：第一、因應國際上「軍縮」的潮流，開始追求自衛隊的效率化，陸上自衛隊的滿額將從 18 萬人裁減為 16 萬人，海自與空自也有裁減的動作。第二、自衛隊任務擴大化。在大綱中的各種態勢中提到，「國際和平合作業務之實施態勢」一項，認為為了有助於國際社會的和平與安定，應能適時、適切地實施國際和平合作業務及國際緊急救援活動[49]。另外也應該能夠因應大規模的天然災害的處置。第三、重視美日安保。如前所述，美日安保再度成為兩國之間的重要關係，而且更加重視。在 1976 年的大綱中，僅僅言及一次美日安保而已；

[46] 佐道明広，《戰後政治と自衛隊》，頁 187。

[47] 佐道明広，《戰後政治と自衛隊》，頁 189。

[48] 佐道明広，《戰後政治と自衛隊》，頁 190-192。

[49] 國防部史政編譯室，《2003 日本防衛白皮書》（台北市：國防部史政編譯室，2005 年），頁 687。

但到了本次大綱，則前前後後提及了 13 次之多，由此可見美日安保並沒有隨著冷戰的結束而淡化，反而更加緊密，而且日本本身的角色也逐漸地提高，與過去有所不同。

　　而最重要的，是把「周邊事態」的概念納入大綱：「隨著冷戰的結束，除注意在我國周邊部分國家軍事力量的削減，以及軍事情勢的變化、地區紛爭頻傳……等在安全保障方面值得顧慮的多樣化事態外，必須做出具體的重新評估，以採取最有效且最適切的作為[50]。」這似乎意味著，僅僅希望保護本國的「一國和平主義」不再適用於日本，而應該更積極地參與周邊國家的事務。大綱決定後，美日雙方又於 1997 年 9 月重新修正了 1978 年的「美日防衛合作指針」。

　　在 1995 年底修正防衛大綱後不久，即發生了 96 年台海危機，中國為了恐嚇台灣史上首次的總統大選，以發射飛彈與軍事演習的方式警告台灣。事態雖然在選舉後回復平靜，但這樣的國際事件其實是美日之間對「周邊事態」具體化的有利支持[51]。新的美日防衛合作指針著眼於三種合作：第一種是平時的合作，第二是日本遭受武力攻擊時的因應行動，第三則是日本周邊地區發生會威脅日本安全事態時的合作。

　　第三項其實就是補足了美日安保條約中的第六條（又稱遠東條款）。安保條約第六條寫著：為了有助於日本的安全，以及有助於遠東的國際和平與安全，美國的陸軍、空軍以及海軍可以在日本國使

---

[50] 國防部史政編譯室，《2003 日本防衛白皮書》，頁 682。
[51] 佐道明広，《戰後政治と自衛隊》，頁 197。

用設施與區域[52]。但是這僅止於紙上作業，在 78 年的防衛指針中並沒有對「遠東」做出相關指導；但 97 年的新指針則明確指出周邊有事時，日本也可以與美軍合作。

美國當時的國防部長柯恩（William S. Cohen）指出新指針並不針對特別國家以及第三國，藉由加強與日本的安全關係，這將會使這個區域的國家也能受益[53]。我們可以由這個觀念去思考新的美日安保是一種「唇亡齒寒」的概念。也就是說在亞太地區若發生任何動亂，則將會牽連到所有國家，所以若日本仍然遵守過去僅僅守衛本土的防衛思想，則很有可能眼睜睜地喪失其國家利益。相反的，雖然不能參與實戰，但藉由與美國合作，多少能為此區域做出貢獻。這對一個正常的國家來說是理所當然的，尤其是一個在此區域擁有重要的經濟與政治利益時更是如此。

因此，以下便探討海上自衛隊在應對周邊事態時，有何特別的轉變與特徵。

三、海自與周邊事態

有了新美日防衛合作指針並不夠，主要是因為在日本國內缺乏法源基礎去執行防衛指針要求的美日合作。因此自 1998 年開始日本政府便擬定了四個與美日防衛合作指針有關的法案，分別是：周邊事態法、自衛隊法修正案、日美物品勞務相互提供協議修正案、船

---

[52] 〈日本国とアメリカ合衆国との間の相互協力及び安全保障条約〉，http://www.ioc.u-tokyo.ac.jp/~worldjpn/documents/texts/docs/19600119.T1J.html (2005/5/29)

[53] Steven Lee Myers, "Risking China's Wrath, U.S. and Japan Bolster Military Ties," *New York Times* (Late Edition, East Coast), 24 Sep 1997, A7.

舶檢查法，但由於各黨對船舶檢查法有較分歧的意見，故為了能讓
法案通過，便把船舶檢查法暫時壓下，只通過前三者。

　　自衛隊法修正案，主要是修正自衛隊法第一百條關於撤僑的規
定。按照原來的規定，只能使用飛機如政府專用機或是 C-130 等運
輸機，而且也沒有規範是否能使用武器。在遇到緊急的情況或是僑
民人數過多時，光靠飛機執行撤僑任務可說是相當困難。加上又沒
有規範武器的使用準則，若是在撤僑過程遇到敵方的襲擊，自衛隊
也許連還擊的能力都沒有。

　　因此本修正案改定了以下兩點：第一、在輸送僑民的手段上，
允許使用船舶以及船舶上搭載的直昇機。第二、准許從事撤僑的自
衛隊員，在為了保護隊友以及僑民的情況下，合理並且有限制地使
用武器。關於武力使用是否與憲法相牴觸，當時的日本首相小渕恵
三在國會答辯時認為，本案所規定的武器使用乃是為了保護從事此
任務的自衛官之生命與身體，也就是保護自己的自然權利，與憲法
上的禁止武力行使不同[54]。

　　日美物品勞務相互提供協議最先於 1996 年成立，主要是當美軍
與自衛隊實施共同訓練，以及在參與維和行動或是國際人道救援
時，雙方可以互相提供物品與勞役（不包括彈藥與武器）。1999 年
所修正的事項乃是將其範圍擴大，也就是除了共同訓練與維和行
動、人道救援之外，當發生周邊事態時，也能適用於此協定。

　　最後則是周邊事態法。周邊事態法給予自衛隊在發生周邊事
態時，在所謂後方地區支援美軍行動的權利。自衛隊主要能採取

---

[54]　丸茂雄一，《公益的安全保障－国民と自衛隊》，初版（東京都：大学図書，
　　　2006 年），頁 174。

的措施有三種：後方地域支援，後方地域搜索救助活動，船舶檢
查活動（2000 年 12 月才通過之船舶檢查法所規定事宜）。後方地
域若按照法案的解釋則為：日本領域以及現在沒有發生戰鬥行為、
同時作業實施時也被認為不會發生戰鬥行為的日本周邊之公海
域，以及其上空。後方地域之內自衛隊與美軍合作的項目茲以下表
表示[55]：

表 4-1　周邊發生事態時進行合作之功能、領域及合作項目

功能及領域		合作項目
日美兩國各自自主實施之活動的合作	救援行動及因應災民的措施	● 向受災地區運送人員及補給品。 ● 受災地區的衛生、通信及運輸。 ● 救援與運送災民的活動以及供應災民應急的物資。
	搜索、救難	● 在日本領域與日本周圍海域的搜索、救難活動以及相關情報之交換。
	撤離非戰鬥員的行動	● 情報交換、與非戰鬥員之連絡，以及非戰鬥員之集結、運送。 ● 運送非戰鬥員之美國飛機、船舶使用自衛隊設施及民間機場、港口。 ● 飛戰鬥員入境日本時之通關、出入境管理及檢疫。 ● 對非戰鬥員在日本國內暫時住宿、交通及衛生的幫助。
	確保以維持國際和平與安定為目的之經濟制裁的有效性	● 為確保經濟制裁的有效性，依據聯合國安理會決議所實施之船舶檢查以及與此項檢查有關之活動。 ● 情報交換。

---

[55] 國防部史政編譯室，《2003 日本防衛白皮書》，頁 249-251。

日本對美軍活動之支援		設施的使用	● 以補給等為目的之美國飛機、船舶使用自衛隊設施及民間機場、港口。 ● 確保美國在自衛隊設施及民間機場、港口裝卸物資及人員所必須之機場及保管設施。 ● 延長美國飛機、船舶使用自衛隊設施及民間機場、港口的運用時間。 ● 美國飛機使用自衛隊機場。 ● 提供訓練、演習場所。 ● 在美軍設施、區域內建設辦公處所及住宿場所。
	後方地區支援	補給	● 在自衛隊設施及民間機場、港口、對美國飛機、船舶提供物資（武器、彈藥除外）及燃料、油脂、機油。 ● 對美軍設施、區域提供物資（武器、彈藥除外）及燃料、油脂、機油。
		運輸	● 在日本國內陸地、海上、空中運送人員、物資及燃料、油脂、機油。 ● 對公海上之美國船舶，由海上運送人員、物資、燃料、油脂、機油。 ● 使用車輛及吊車以運送人員、物資及燃料、油脂、機油。
		維修	● 美國飛機、船舶的維修。 ● 維修零件的提供。 ● 維修用之器材的臨時提供。
		衛生	● 在日本國內之傷患的治療。 ● 在日本國內之傷患的運送。 ● 醫藥品及衛生器材的提供。
		警備	● 美軍設施、區域的警備。 ● 美軍設施、區域周圍海域的警戒監視。 ● 日本國內運輸路線的警備。 ● 情報交換。

		通信	● 確保日美兩國相關之間通信的週率（含衛星通訊）以及器材的提供。
		其他	● 對美國船舶出入港的支援。 ● 自衛隊設施及民間機場、港口之物資裝卸。 ● 美軍設施、區域內之污水處理、供水、供電等。 ● 美軍設施、區域內臨時增派人員。
日美在「運用56」方面的合作	警戒監視		● 情報交換
	掃雷		● 在日本領域內及日本周邊公海掃雷以及有關水雷之情報交換。
	海、空域調整		● 因應日本領域及周圍海域交通量之大增之海上運輸調整。 ● 日本領域及周圍空域之空中交通管制及空域調整。

　　若仔細注意內容即可發現，自衛隊在發生周邊事態之時將承擔人員的運送（戰鬥員與非戰鬥員）、物資的運送與補給，若加上撤僑的任務，則勢必需要更多的補給艦與輸送艦。以下便針對海上自衛隊是否在因應這方面任務上有所轉變。

1、運輸

　　首先要看的就是日本的運輸能力。在 1999 年 5 月周邊事態等相關法律正式通過時，日本所保有的運輸艦（1000 噸以上）共有：三艘 2000 噸的三浦（みうら）級，一艘 1500 噸渥美級

---

56 自衛隊稱「作戰」為「運用」，主要是為了消除舊日本軍的印象。見高貫布士等，《自衛隊》（東京都：ナツメ社，2004），頁 37。

（あつみ）的根室（ねむろ）號，以及一艘 8900 噸的大隅（お
おすみ）級。其中渥美級建造於 1972~1977 之間，可以搭載 5
輛 74 式戰車以及擁有 130 間輸送人員居住區[57]。三浦級則建造
於 1975~1977 年間，是渥美級的擴大改良型，可以搭載 10 輛
74 式戰車或是武裝人員 200 人[58]。而最新式的大隅級於 1993 年
計畫建造 1998 年 3 月完工，可以搭載約 10 輛 90 式戰車以及
330 名登陸部隊[59]，當時主要計畫將其運用在國際維和任務上。

　　從以上的資料來看，可以發現當下唯有大隅級是最先進的
運輸艦。其他的三浦級和渥美級幾乎都是 1970 年代建造，使用
了 20 年以上的老舊艦艇。因此單單只依靠一艘大隅級是無法負
擔日本所有的運輸任務，若是遇上必須執行國際維和或是國際
救災活動時，則更顯得捉襟見肘。在 1998 年 3 月周邊事態法尚
未成型之時便有報導指出若相關法案通過後，則大隅級有可能
在緊急事態時用來撤離非戰鬥人員[60]。而當時的海上幕僚長山
本安正則表示大隅級可以用在運送補給品到離島以減輕災情，
同時也能執行國際合作，故大隅級的用途可說是非常多[61]。

　　因此在國際貢獻、國內災害應對、美日共同防衛上，繼續
建造大隅級似乎是有必要的。也因此在大隅級完工的 1998 年，

---

[57] 〈輸送艦 LST4101 あつみ型〉，http://www1.cts.ne.jp/~fleet7/Jmsdft/JMSDFtLST
4101.html (2007/5/29)

[58] 〈輸送艦「みうら」型〉，http://military.sakura.ne.jp/navy2/lst_miura.htm (2007/5/29)

[59] 〈輸送艦おおすみ型〉，《世界の艦船 7 月号増刊：海上自衛隊 2006-2007》，
661 期（2006 年 7 月），頁 68。

[60] Tetsushi Kajimoto, "Troubled waters," *Japan Times* 38, no.11 (Mar 16-22, 1998): 7.

[61] Kajimoto, "Troubled waters," 7.

海上自衛隊再度計畫生產大隅級運輸艦，分別於 2002 年完成下北（しもきた）號、2003 年完成國東（くにさき）號。

2、補給

在 1999 年 5 月時，日本所擁有的補給艦為四艘，剛好可以分配給四個護衛隊群。其中一艘為相模（さがみ）級、三艘為十和田（とわだ）級。相模級僅有一艘相模號，於 1979 年完工，基本排水量 5000 噸，也擁有直升機甲板可進行直升機空中運輸作業，但沒有專門配屬的直升機。十和田級共有建造三艘，排水量 8100 噸。首艘十和田號完工於 1987 年，但次兩艘常盤號與濱名號在 1990 年才完工。主要是因為進行了若干的修改，其中包括為了提升居住性而把船員用床鋪從三段式改成兩段式。其後部的直升機甲板具有起降 MH-53E 的強度，但並沒有起降用的設施[62]。

這些補給艦負擔了自 1990 年以來日本參與國際貢獻的補給工作，包括波斯灣掃雷、柬埔寨維和任務等。但到了 2000 年，日本防衛白書指出在海上自衛隊主要整備業務中，要去建造補給與醫療能力較高的補給艦[63]，而這也是海上自衛隊最新型、排水量 13500 噸的補給艦摩周（ましゅう）級。

摩周級一共有兩艘，分別於 2004、2005 年完工。當初設計時考量到大型化、長期行動化、渦輪化的問題，另外也考慮到

---

[62] 〈補給艦「とわだ」型〉，《世界の艦船 7 月号増刊：海上自衛隊 2006-2007》，661 期（2006 年 7 月），頁 94-95。

[63] http://jda-clearing.jda.go.jp/hakusho_data/2000/honmon/frame/at1203020300.htm (2007/2/20)

與美國海軍的互用性（Interoperability）以及國內外的大規模災害派遣的結果，使得排水量比十和田級要多出 5000 噸。另外值得一提的是，本級在建設時也考慮到女性乘員，由其是第二艘艦近江（おうみ，也可寫作淡海）號的女性成員比例高達了 10%[64]。

　　從以上的運輸與補給艦來看，幾乎都是從 1999 年後才量產或是新造。基本上海上自衛隊與陸上自衛隊一樣，戰鬥艦艇等裝備相當充實，但是擔任後方支援的主角補給艦與運輸艦卻比較少[65]。大隅級本來於 1993 年即開始建造，到 1998 年才宣告完工，期間花費了五年之久。但日本政府毫不猶豫地又於 1998、1999 年開始建造下兩艘大隅級。而摩周級明顯地是從 2000 年才計劃建造。從這些時點來看，海上自衛隊似乎預想在執行國際貢獻任務之餘，又必須要負擔在周邊事態時在後方地區支援美軍的任務，因此若單單依靠那些 70 年代的運輸艦、90 年代初的補給艦是不足以應付這種多出來的需求。

　　我們可以依照這些跡象做下述的推理：過去的海上自衛隊再運輸與補給方面可能只要應付國內需求，故當時所建造的運輸與補給艦並沒有考慮到有天會派遣到國外執行任務。90 年代後由於國際環境改變使得向海外執行任務的機會增多了，為了透過國際貢獻追求正常國家，勢必要擁有更適合的運輸與補給艦，於是才會在 1993 年建造大隅級。但是隨之而來的日本周邊

---

[64] 〈補給艦「ましゅう」型〉，《世界の艦船 7 月号增刊：海上自衛隊 2006-2007》，661 期（2006 年 7 月），頁 93。

[65] 加藤健二郎，〈日米同盟軍なら自衛隊はこう変えろ！〉，《別冊宝島 Real：自衛隊「戦争」解禁》，23 期（2001 年 11 月），頁 75。

事態，又使得海自要擔當後方支援美軍的任務，才迫使日本要擴大其運輸與補給的能力，以負擔國外、國內、美日合作上的需求。

　　當然，面對日本的這些行動，中國必然不放棄質疑的機會，以下便要探討周邊事態與軍國主義的關連性究竟有多少。

四、周邊事態與軍國主義

　　日本海上自衛隊的角色擴大，對於中國與韓國大多數的人來說，多少都會有所憂慮。基本上中國的觀點大多認為周邊事態法賦予自衛隊干涉區域衝突的基礎，而最重要的就是其「周邊事態」是否包括台灣。

　　最初美日共同防衛指針敲定時，當時的中國外交部發言人沈國放便表示：「我們相信增強軍事聯盟以及擴張軍事合作是違反亞太地區的潮流。」並且要求日本記取歷史教訓以及遵守和平發展。最重要的，他表示中國會擔憂的重要理由就是，美日防衛合作是否會牽涉到台灣關係[66]。更有人認為美日在周邊事態採取合作，其最「不可告人的目的」是使台灣海峽兩岸的分裂長期化、固定化[67]。

　　簡而言之，中國式的思維就是在擔心日本海上自衛隊具有向外發展的能力，具有與美國共同合作的能力。然而，這種思維都關注在台灣身上，而忽略了日本的另一個惡鄰－北朝鮮。其實周邊事態並不只針對台灣，也包括了北朝鮮。基本上在日本重新思考戰後防

---

[66] "Scope of defence pact should be restricted," *China Daily* (North American ed.), 25 Sep 1997, P2.

[67] 吳寄南、陳鴻斌，《中日關係瓶頸論》，頁 110。

衛政策的過程中，可說是從北朝鮮那裡得到許多動力[68]。但因為中國式的思維往往會忽略這一點，認為日本把北朝鮮的威脅當作藉口，並且只要日本在防衛上有何變動，多半將其解世為軍國主義的復活。

總之，海上自衛隊配合日本的普通國家路線，從一國和平主義走向國際貢獻，從專守防衛走向與美軍共同維護區域安全。其兵力雖然跨出了日本領土，但並不是基於要侵略中國、韓國、不是要促使兩岸永久分裂，恢復軍國主義。主要目的還是以日本國益為思考，希望能維持拉緊與美國的合作以及嚇阻北朝鮮的威嚇。

第三節　領海防衛

領海防衛乃是一國海軍的基本任務，但日本雖然有防衛沿海的能力但卻無行使防衛力的法律基礎，這是因為法律上規定自衛隊或是海上保安廳只有在遭受攻擊時才有使用武器的權力。能夠反映這種情況的，就是於 1999 年與 2001 年發生的「不審船（間諜船）事件」。也因為有這兩次事件，促使日本開始認真思考應有的對策。2004 年 10 月公佈的「安全保障與防衛力懇談會報告書」便指出面對新型態的威脅，日本的防衛力需要考慮「對周邊海域之武裝工作船的處置與監視」此一項目[69]。

---

[68] Masayoshi Kanabayashi and Bill Spindle, "Japan's Efforts to Rethink Defense Gain Amid Worry on North Korea," *Wall Street Journal* (Eastern edition), 16 Sep 1999, A24.

[69] 〈「安全保障と防衛力に関する懇談会」報告書〉，http://www.kantei.go.jp/jp/

一、不審船事件

　　所謂的不審船意指形跡可疑的船隻，而在日本則特指出現在日本海域附近的北朝鮮的工作船或是有其嫌疑的船隻[70]。雖然不審船由來已久，但最重要的則是 1999 年 3 月的「能登半島海峽不審船事件」以及 2002 年 12 月的「九州西南海域不審船事件」，兩者都促成日本領海防衛的重大改變。以下先論及能登半島的事件。

1、能登半島海峽不審船事件[71]

　　1999 年 3 月 23 日早上六時四十二分，海上自衛隊 P-3C 於佐度島西方 10 海浬之處發現疑似不審船的可疑船隻，並且隨後派遣臻名號、妙高號、阿武隈號三艘護衛艦前往確認。在發現了名為「第二大和丸」與「第一大西丸」的可疑漁船後，通報海上保安廳，並且繼續追蹤。海上保安廳確認正牌的「第一大西丸」已經廢船、「第二大和丸」則位在兵庫縣後，便立刻派出巡視船筑前（ちくぜん、23 節，3221 噸）、佐渡（さど、18 節，499 噸）與巡視艇濱雪（はまゆき、30 節，149 噸）、直月（なおづき、30 節，101 噸）號共同追蹤[72]。

---

singi/ampobouei/dai13/13siryou.pdf (2007/5/26)

[70] 〈不審船〉，Wikipedia 日文版，http://ja.wikipedia.org/wiki/%E4%B8%8D%E5%AF%A9%E8%88%B9 (2007/5/29)

[71] 整理自朝雲新聞社，《防衛ハンドブック 2006》（東京都：朝雲新聞社，2006 年），頁 184。以及 http://ja.wikipedia.org/wiki/%E8%83%BD%E7%99%BB%E5%8D%8A%E5%B3%B6%E6%B2%96%E4%B8%8D%E5%AF%A9%E8%88%B9%E4%BA%8B%E4%BB%B6。(2007/5/26)

[72] 艦艇資料參照：《世界の艦船七月号增刊：海上保安庁全船艇史》，613 期（2003 年 7 月）。

　　海上保安廳試圖對兩艘不審船進行連絡，但對方皆無任何回應。到了晚上 7 時左右，不審船開始以 28 節的速度加速逃走，此速度已經超過筑前、佐渡兩艘巡視船的極速，同時也逼近濱雪、直月的極速。因此，海上保安廳下令對不審船進行威嚇射擊。雖然海保使用了機砲與步槍進行威嚇射擊，但不審船仍然拒絕停船並且以 35 節的速度加速逃離。這時海上保安廳表示已經無法繼續追蹤，由於燃料不足導致濱雪、直月、佐渡已經與不審船拉開距離，因此向防衛廳要求發動「海上警備行動」。

　　3 月 24 日凌晨 0 時 50 分在經過必要的手續後，防衛廳正式發動海上警備行動，原本就在追蹤這兩艘不審船的海自護衛艦臻名與妙高號這時才開始實施停船命令與警告射擊。海自的 P-3C 同時也在兩艘不審船的周圍投下炸彈，但皆為警告性質。由於法律上只限定自衛隊在遭受攻擊時可以使用武器，故海自只能進行警告射擊，而無法開火。最後，這兩艘船就這樣越過了防空識別圈而逃走。

2、九州南西海域不審船事件

　　2001 年 12 月 21 日，海上自衛隊 P-3C 拍攝到疑似不審船的可疑船隻。在經由附近的鹿屋基地解析後，認為有必向上級機關要求更精緻的解析工作，於是將照片傳送與海上幕僚監部進行分析。22 日凌晨一時海上幕僚監部認為此不審船為北朝鮮工作船的機率相當高，因為此船在外型上與 1999 年能登半島事件的船隻有許多相似點：在外貌上偽裝成漁船，但漁具卻顯著

地少；此外船身向前傾斜的情況也是一樣[73]。因此便通報海上保安廳，準備進行檢查。

海上保安廳一共派出 PM 型巡視船「あまみ」、PS 型「きりしま」、「いなさ」、「みずき」四艘艦艇前往追擊，而海自為了以防萬一，也同時派出金剛號、山霧號護衛艦前往支援。然而這艘不審船仍然無視於停船命令，並且往中國的方向逃逸。由於日本已於 2001 年 11 月通過新的法律，准許海上自衛隊與海上保安廳可以對拒絕停船並且企圖逃逸的船隻開火，故海上保安廳的船隻在經過威嚇射擊仍然無效後，於 22 日下午 16 時對不審船的船體進行射擊。雖然一度造成不審船失火而停船，但 30 分鐘後卻又繼續逃走。當兩艘海保船隻企圖與其接舷時，該船開始展開射擊，並且發射肩射型火箭意圖攻擊海保船隻，所幸皆無命中[74]。

於是雙方便開始交火，並且造成三名海上保安廳人員受傷，而不審船則在隨後自爆沉船，十五名船員則穿著救生衣跳海。雖然海上保安廳人員在當下發現有六名船員浮現在附近海域上，但仍不及搶救，隨後十五名船員皆不見蹤影，直到隔日的打撈作業中發現三具浮屍，其中兩具穿著印有韓文的救生衣[75]。

---

[73] 劉黎兒，〈日尋獲北韓間諜船三人遺體〉，《中國時報》，2001 年 12 月 24 日，A9。

[74] James Brooke, "Japan Says a Mystery Boat Fired Rockets at Its Ships," *New York Times* (Late Edition, East Coast), 25 Dec5 2001, A3.

[75] 劉黎兒，〈日尋獲北韓間諜船三人遺體〉，A9。

以上便是兩次重要不審船事件的經過。其中九州西南海域不審船事件中沈沒的船隻已經被日本政府打撈上岸，並且發現金日成的紀念章、AKS-74 5.45 公厘步槍、7.62 公厘步槍、RPG-7 等重裝武器[76]，由此可見此種工作船已經不是單純為了走私與偷渡，其強大的火力可說是超出了海上保安廳的範圍之外。

二、不審船與海自

不審船從以前就有發生的紀錄，1985 年就曾發生一艘不審船偽裝成漁船後侵入日本海域，但經過四十八小時一千公里的追緝，還是讓該船逃入中國領海而不了了之。雖然當時就有「為何不能射擊」的質問[77]，但一直要到 1999 年能登半島事件發生後，日本才正式對此問題進行改善。以下便針對海上自衛隊為了對付不審船隻所做的轉變加以說明。

1、修改自衛隊法

在 1999 年能登半島不審船事件時，由於沒有適當的法源基礎，所以再怎麼說也無法對不審船使用武器。於是針對此點，日本於 2001 年修改了海上保安廳法以及自衛隊法。主要修正的條文乃是海上保安廳法第二十條第二項，此項修正後規定若是

---

[76] 船隻展示於 2004 年 12 月 10 日開館的「海上保安資料管 橫濱館」。部分展示圖片可在以下網址看到：http://gunnzihyouronn.web.fc2.com/kousaku/kousakusenn.htm (2007/5/25)

[77] 陳世昌，〈自衛隊除了警告還是警告〉，《聯合報》，1999 年 3 月 25 日，第七版。

有船舶不回應停船命令，又或者抵抗海上保安官的任務執行，
又或者試圖逃亡之時，准許海上保安官使用武器。而自衛隊法
的修正，則是第九十三條，此條給予海上自衛隊在執行海上警
備行動等任務時，準用海上保安廳法第二十條第二項的規定，
也就是能夠適度地使用武器[78]。此法於 11 月 2 日通過，因此事
隔一個多月後就發生了九州西南海域工作船事件，也正好能適
用此法。

　　所以賦予海上自衛隊在海上警備行動時使用武器，是有其
維護領海安全的需求。另外，這些北朝鮮的不審船除了運送間
諜之外，同時也向日本輸入毒品。根據日本警察機關的統計，
1999 年所破獲的毒品中有百分之四十四來自於北朝鮮[79]，所以
這些不審船的確帶給日本不少危害，若再考慮其所擁有的重武
裝，則更增加取締這些船隻的必要性與危險性。故其實與軍國
主義沒有太大的關連。但韓國方面仍然不諒解，當時執政的「新
千年民主黨」發言人在九州西南海域事件發生後聲稱：「我們注
意到這個事件可以視為日本軍事力量的擴張[80]。」

2、成立特別警備隊

　　長期以來，只有海上保安廳設置「特殊警備隊（Special
Security Team）」，負責對可疑船隻進行登船檢查作業。在兩次

---

[78] 〈不審船及び武装工作員などにより適切に対処するための自衛隊法など
の改正〉，《2002 年防衛白書》網路版。http://jda-clearing.jda.go.jp/hakusho_
data/2002/honmon/frame/at1403020104.htm (2007/5/29)

[79] James Brooke, "Japan Says a Mystery Boat Fired Rockets at Its Ships," 12 Dec
2001, A3.

[80] Brooke, "Japan Says a Mystery Boat Fired Rockets at Its Ships," A3.

重大不審船事件中，特殊警備隊都銜命待機，準備登上不審船進行臨檢。相較於海上自衛隊，就比較缺乏此種功能了。在 1999 年能登半島不審船事件時，負責追蹤的「臻名號」護衛艦內，臨時找來了 16 名柔劍道成績優秀者組成了登船檢查隊，由於艦內本身沒有重武器，所以只能給予他們 9 公釐手槍，而且連防彈背心也沒有[81]。

經過這次事件後，海上自衛隊決定成立屬於他們自己的特殊部隊以應付登船檢查的任務，並於 2000 年開始編入新預算，將在廣島縣的江田島成立六十餘人的新部隊。這新部隊將會使用直昇機以及高速快艇，每個人員也會配備防彈背心、以及機關槍、手槍、催淚瓦斯、閃光彈等武器，以便執行登船檢查任務[82]。

此部隊成立於 2001 年 3 月 27 日，名為「特別警備隊（Special Boarding Unit）」。但由於被日本政府列為比較機密的部隊，所以其相關資料較為有限。目前為止，特別警備隊參予的任務正是 2001 年 12 月的九州西南海域工作船事件，但最後因為該工作船自沉而沒有進行登船作戰。

另外，各護衛艦對也成立負責登船臨檢的「立ち入り検査隊（Maritime Interception Team）」，簡稱「立檢隊」。也就在原有的護衛艦上選定特定人員，使其接受船舶檢查、臨檢的知識

[81] 朝日新聞「自衛隊 50 年」取材班，《自衛隊—知られざる変容》（東京都：朝日新聞社，2005 年），頁 201。

[82] Christophe Bosquillon, "East Asia between economic integration and military destabilization: US and Japanese viewpoints," *The Journal of Social, Political, and Economic Studies* 24, no.4 (Winter 1999): 403-445.

與技能，平常這些人與普通的船員相同，但遇到執行臨檢任務時，則負責登船檢查[83]。為了能夠順利實施臨檢活動，海自也提升海自的人數，2000 年增加 0.5%（234 人）、2001 年增加 0.48%（215）人[84]。

3、加強飛彈快艇

由於北朝鮮的偽裝漁船擁有高達 35 節的速度，故一般的巡視船、巡視艇幾乎無法跟的上。1999 年能登半島事件後，運輸大臣川崎二郎就表示，希望能在海上保安廳的直昇機上加裝機槍。這是因為唯有直升機可以趕的上高速逃亡中的不審船[85]。

故在處理從事不法行為的不審船時，由於可能遭遇到對手重武裝武器之威脅、高速逃走等抵抗行為，加上保安廳的巡視船無法對抗時，就有必要由海上自衛隊使用護衛艦或是飛彈快艇加以處理。特別對抗企圖高速逃逸的工作船時，擁有 40 節以上速度的飛彈快艇將能發揮其威力[86]。

海自目前擁有的最新飛彈快艇為「隼（はやぶさ）」級飛彈快艇，總數為 6 艘。排水量為 200 噸、具有高達 44 節的速度，而武裝上則配備 90 式反艦飛彈 4 枚、76 公厘砲一座以及 12.7

---

[83] http://ja.wikipedia.org/wiki/%E8%AD%B7%E8%A1%9B%E8%89%A6%E4%BB%98%E3%81%8D%E7%AB%8B%E3%81%A1%E5%85%A5%E3%82%8A%E6%A4%9C%E6%9F%BB%E9%9A%8A (2007/5/26)
[84] 朝雲新聞社，《防衛ハンドブック 2006》，頁 188。
[85] "Japan to Study Arming Coast Guard Aircraft after Ship Incursion," *Jiji Press English News Service*, 26 Mar 1999, .
[86] 勝山拓，〈海上自衛隊は対北制裁で何ができるか〉，《世界の艦船》，670 期（2007 年 2 月），頁 79。

公厘機槍兩挺，可以說是對抗不審船的最佳利器。本級於 1999
年計畫建造，但是過不久後即發生能登半島事件，使得本型在
設計上改變船型、增加速度、識別能力、以及防彈能力的強化
與機槍的裝設[87]。

4、修正海上警備行動

在原本的法律規定下，發動「海上警備行動」的狀況是當
僅僅依靠海上保安廳的能力無法處理時，才由海上保安廳向防
衛廳要求後，才能發動海上警備行動。但是這樣有可能造成不
必要的時間浪費以及人員傷亡，於是針對此點日本政府做了新
解釋：並不一定要在保安廳處理過後發現無法處理時，才能要
求海上自衛隊出動。若是在最初就發現對手的武裝是難以應
付、或是有明顯的困難時，是可以在一開始就立即派遣自衛隊
加以處理的[88]。

另外，為了迅速對應不審船事件，特別將海上警備行動的
手續加以簡化。主要的簡化在於，原本在發動海上警備行動時
需要與各國務大臣召開內閣會議，但若是事態緊急無法立刻召
集每位大臣到場時，可以使用電話取得各國務大臣的了解。另
外，若是仍然聯絡不到某位國務大臣時，可以先行發動警備行
動，事後再迅速地通知該國務大臣[89]。

---

[87] 〈ミサイル艇「はやぐさ」型〉，《世界の艦船七月号增刊：海上自衛隊
2005-2006》，645 期（2005 年 7 月），頁 64。
[88] 丸茂雄一，《公益的安全保障》，頁 190。
[89] 丸茂雄一，《公益的安全保障》，頁 190。

　　以上的行動都是為了加強對不審船的應變速度，而非軍國主義下的軍力擴張。

三、領海防禦與軍國主義

　　中國對日本處理不審船的行為，也有人採用軍國主義的思維，這主要是聯結到對「周邊事態」的疑慮上。1999 年是日本要審理周邊事態法案的一年，但就在法案即將要審理之前的三月發生了能登半島不審船事件，因此北朝鮮認為此乃日本自導自演，意圖促使法案通過的陰謀[90]。除此之外，中國雖然不會認為是自導自演，但對於日本密集報導此事件的行為，採取了批判的態度。他們認為日本政府有意藉此事件為周邊事態法推波助瀾。

　　基本上他們的疑慮為：第一、難道這次事件是日本戰後絕無僅有的行動嗎？為何以往的事件可以無聲無息地化解，而這次卻要大動干戈？第二、海上保安廳難道沒有對付不審船的能力？保安廳有世界上最龐大的保安設施與海上艦船裝備，為何一定要動用自衛隊？第三、海上自衛隊的出動是早有準備，還是緊急出動？為何海自的護衛艦要比保安廳更早到達現場？針對這三個疑點，中國人士認為日本乃是藉此擴大宣傳，意圖影響輿論、加速周邊事態法的審理[91]。

　　這三個疑慮雖然自有其道理，但仍然不足以作為將領海防禦擴大為軍國主義的理由。

---

[90] 劉黎兒，〈自衛隊砲聲 劃破寧靜日本海〉，《中國時報》，1999 年 4 月 1 日，13 版。

[91] 寒丁，〈「海上警備行動」的背後〉，《當代海軍》，4 期（1999），頁 12。

　　第一點，雖然日本在 1999 年之前就有發生不審船的紀錄，但距離上次發生事件的 1985 年已經有 14 年之久（扣除 1990 年那次，當時只是有橡皮艇漂流至日本岸上[92]），況且當時世界仍然是兩極體系之下，民眾與大多數政治家對於日本的防衛議題仍多存有禁忌與漠不關心。更重要的，在這之前也未發生北朝鮮的核武危機、飛彈試射等國際事件。也就是說在當時這種「新型態的威脅」根本不存在，所以自然沒有必要為此大動干戈。拿冷戰時的思維評論後冷戰時的事件，似乎不太妥當。

　　第二點，已如前述所說明的，當時海上保安廳所動用的船艦最高速度均在 30 節以下，但不審船的速度卻高達 35 節，若沒有與其速度相稱船隻是無法追上的。加上沒有對其開火的權力，故必須要使用船身接近不審船，逼迫其停船受檢。固然保安廳擁有許多大型船隻，但大船不一定速度快，在追捕不審船時並無法有效地發揮。

　　第三點的質疑也有解釋空間。若是按照海上警備發動的程序，等到海上保安廳無法處理後才大老遠的要求待在港內的護衛艦出發，則到達現場後不審船不就老早脫身了嗎？況且我們可以注意到，雖然當時的臻名級、妙高級的確是與海保共同進行追擊，但從頭到尾這兩艘護衛艦並沒有對不審船展開警告性射擊，直到海上警備行動正式下達後，它們才有所行動。試問，要是在這種情況下才從千里之外出動海自艦艇，不是來不及了嗎？

　　總而言之在領海防衛上，海上自衛隊被給予更自由的活動空間，使其能對入侵領海的可疑船隻進行武力射擊。同時，也被准許

---

[92] 歷代不審船，請參照海上保安報告 2003 年版：〈海上保安庁が確認した過去の不審船・工作船事例〉，http://www.kaiho.mlit.go.jp/info/books/report2003/special01/01_02.html (2007/5/29)

在狀況嚴重時，不需要等海上保安廳的要求便可直接出動。另外也加強了登船檢查機能，以及建造能趕上不審船的飛彈快艇。這些增加的機能，只不過是在補足過去日本所缺乏的部份而已，與軍國主義沒有太多關係。

　　總結來說，不論是飛彈防禦、周邊事態亦或是領海防衛，這些防衛上的轉變並不是基於所謂「軍國主義復甦」這樣一個單純的理由。這些轉變可以說是日本因應 1990 年代後世界趨勢的改變以及其追求普通國家應有的防衛政策的結果。我們也可以發現，日本利用每次發生的重大防衛議題來進行其「普通國家」的改造工程，自衛隊以及海上自衛隊的轉變也是以此為依歸，而非漫無目的地獨走。這點不僅僅是在國土防衛上，在國際貢獻上也是如此。

第五章　海自與國際貢獻

前一章說明了海自在面對新型態威脅下，對國土防衛所做的轉變。然而一般人更加關心的則是海自在第一次波灣戰爭後開始走出日本本土，執行所謂的「國際貢獻」任務。基本上這些任務包括了：聯合國的和平維持行動（PKO），國際緊急救援（如地震、海嘯等），難民救援活動（如盧安達、阿富汗等難民），掃雷、後勤（如波斯灣掃雷，印度洋補給）。

本章主要在解釋數十年來海自或是自衛隊參與各種國際貢獻活動的起因，與各次任務的部隊組成，以說明海自從事國際貢獻只是日本近年普通國家政策下的一環，並非毫無節制的軍國主義復甦。本章第一節主要闡述 1991~2000 年之間與海自有關的國際貢獻行動。第二節闡述 2001~2005 之間以美國為首的反恐、伊拉克人道復興活動等。第三節同樣闡述 2001~2005 年的活動，但主要關注於國際災害救助。

第一節　起步十年

如前面章節所描述，1991 年的波灣戰爭是日本改變其國際思維的轉捩點。自此之後，日本打破多年來的禁忌，開始向海外派遣自

衛隊從事國際貢獻。而第一波行動正是在波灣戰爭結束後不久，向
波斯灣派遣六艘護衛艦，清除戰時伊拉克所敷設的水雷。至此之後，
懸宕已久的「聯合國和平合作法」終於通過，展開了九一一事件前
的國際貢獻任務。本節將討論海上自衛自 1990 年到 2001 年之間參
與的國際貢獻任務，檢視其軍國主義的成分到底有多少。

一、波斯灣掃雷

如眾人所知道的一樣，波灣戰爭在極短的時間內便結束了。雖
然如此，海上的戰爭才真正地要開打。這是因為當初伊拉克為了封
鎖聯軍登陸科威特，在外海設置了超過 1000 個水雷，然而聯軍始終
未曾從那兒登陸[1]。於是戰後清除這些水雷，就成了恢復國際秩序的
一個重要工作。

最初當 1990 年伊拉克佔領科威特，美國開始調派大軍前往波斯
灣的八月時，駐日美軍海軍司令部就曾經向海上幕僚監防衛部詢
問，希望能派出護衛艦、掃雷艦、以及補給艦支援美軍行動。但海
幕卻以自衛隊不碰觸政治、自衛隊沒有參加政策決定為理由拒絕了
邀請，並且要美軍去詢問外務省[2]。

而外務省則在受到美國希望能夠不只出錢也要出力的壓力後，
想出了一種以直屬首相的「和平合作隊」的形式去參與多國聯軍的
活動。而在這個合作隊中，每個人都是市民身分，所以即使是自衛

---

[1]　Stanley R Arthur and Eric Schmitt, "AFTER THE WAR; Gulf Is Swept for Mines
　　In the Aftermath of War," *New York Times*, 19 Mar 1991, A14.

[2]　朝雲新聞社「自衛隊 50 年」取材班，《自衛隊－知らざる変容》（東京都：
　　朝雲新聞社，2005），頁 131。

隊也要脫去制服，以「休假、出差」的方式派遣到國外。然而防衛廳則大加反彈，雙方爭執到 10 月後終於妥協。陸上自衛隊員必需以平民的身分前往，而海空自衛隊則以「業務委託」為名義[3]。總之，由此可看日本當時對海外派遣一事也感到手足無措。

雖然如此，這個方案也因為自民黨內部的反對而宣告流產，另一方面 1990 年 10 月提出的「聯合國和平合作法案」也因為朝野之間的爭執而遲滯不前而宣告流產。結果，直到波灣戰爭結束後，日本始終沒有派出任何部隊參與聯軍的行動。

對此，有論者批評日本總是討論自衛隊合法性時宣稱雖然憲法禁止交戰權，但聯合國憲章規定每個國家都擁有自衛權；而當討論到是否要派兵海外時，就又說日本憲法禁止在海外使用武力。這種行為使日本成為上世界最大的搭便車國（world's biggest free rider）[4]。由於遭受到極大的批判，所以在戰爭結束、確認沒有捲入戰事的危險後，日本決定於 1991 年 4 月派遣掃雷船前往波斯灣掃雷，所採用的法條為自衛隊法第九十九條：「海上自衛隊得在長官的命令下除去以及處理在海上的水雷或是其他有爆炸性的危險物」。

這次的派兵主要是來自於沙烏地阿拉伯、日本企業界、以及航運相關人士的請求，當然美國也間接對日本提出要求。尤其是日本企業人士也擔心因為水雷而影響貿易，所以在戰事結束後也呼籲首相能夠派遣掃雷部隊[5]。而首相海部俊樹也小心翼翼地解釋，派遣掃

---

[3]　朝雲新聞社「自衛隊 50 年」取材班，《自衛隊－知らざる変容》，133.

[4]　Hellman Donald, "Japan's Bogus Constitutional Excuses in the Gulf," *Wall Street Journal*, 6 Feb 1991, A12.

[5]　Christopher J Chipello, "Japan, by Sending Minesweepers to Gulf, Takes Step Toward Broader World Role," *Wall Street Journal* (Eastern edition), 25 Apr 1991, A10.

雷船不是一種實質的軍力投射，而僅僅是去掃雷、去保護日本原油運輸的安全。而且也並不是意圖要喚醒軍國主義[6]。

海上自衛隊在這次的任務中總共派出六艘護衛艦，其中包括一艘掃海母艦「早瀨（はやせ）級」、一艘補給艦「十和田（とわだ）」級、以及四艘「初島（はつしま）」級掃海艇。早瀨級基準排水量2000噸，武裝僅有76公厘砲一座、20公厘機槍兩艇、三聯裝短魚雷發射器兩座。主要是用來搬運掃海艇用的預備掃雷用具，而同時也可擔任掃海隊的旗艦[7]。而十和田前章已有介紹，在此不贅述。

四艘擔任主要掃雷任務的初島級基準排水量為440噸左右，武裝配有20公厘機槍一座。雖然此級掃海艇為當時海上自衛隊最新銳的裝備（1986~1989年量產），但與各國的掃海艇相比，仍然舊式的艦艇。所以本次派遣能夠順利執行，其實有賴於海上自衛隊員高度的訓練與技巧[8]。因此，從本次任務所派出的部隊來看，幾乎沒有什麼重裝武器、反艦飛彈、裝甲車輛，僅僅是單純的掃雷行動而已。

至於各國對於日本派出部隊掃雷的反應，表達慎重關切的國家，多半是在二次世界大戰時遭受日本侵略的國家。如當時的中國外交部發言人吳健民表示：「不論在日本或亞洲，在過去與未來，日本派軍至海外都是個非常敏感的問題……我們希望日本對這個敏感問題會謹慎將事[9]。」南韓也對此事表示關切，並且認為日本此舉是

[6] Steven R. Weisman, "Breaking Tradition, Japan Sends Flotilla to Gulf," *New York Times* (Late Edition, East Coast), 25 Apr 1991, A11.

[7] 〈掃海母艦「はやせ」〉，http://military.sakura.ne.jp/navy2/mst_hayase.htm（2007/5/29）

[8] 学習研究社，《海上自衛隊パーフェクトガイド》（東京都：学習研究社，2005年），頁96。

[9] 〈中共南韓關切菲支持〉，《聯合報》，1991年4月26日，第八版。

為了恢復波斯灣的正常。而菲律賓當時的外長孟拉布斯表示，菲律賓支持日本派掃雷行動，認為是一種「和平、人道的活動」，並且同意開放在菲的美軍基地提供補給[10]。

　　而台灣對此事的反應分為兩種。首先是當時的外交部長錢復認為，應該以「日本確有誠意赴波灣掃雷」的觀點看待此事。他認為日本此行承受很大壓力，也在亞洲引起爭議，但掃雷艇的出動是在多國的要求下派出的，應該視日本此行真的是為了前往波斯灣掃雷[11]。另一種則是如陳癸淼、林正杰等人的激烈反彈。陳癸淼指責日本此行是顛覆歷史，是軍國主義復活，而台灣將是日本軍國主義的第一目標。故政府應當與東南亞各國組成「東南亞安全會議」，以因應日本的擴張。林正杰更是扯到與此毫不相干的釣魚台問題，還指責政府竟沒有把日本當做假想敵[12]。

　　然而，如前所述，日本此次派遣掃雷部隊前往波斯灣，與軍國主著實義毫無關係。仔細地說，日本是在拒絕兩次海外派兵邀請，並且遭受到國際社會強烈的批判後，才正式宣佈打破四十年的禁忌。第一次是 1987 年時，當時美國的雷根政府曾詢問日本是否能派遣掃雷部隊前往波斯灣掃除因兩伊戰爭而產生的水雷問題，因為這些水雷已經對石油運輸船隻造成嚴重的問題。然而，當時的中增根康弘首相、以及官房長官後藤田正晴皆表示反對，最後終不能

---

[10] 〈中共南韓關切 菲支持〉，第八版。
[11] 胡玉立，〈錢復：應以日本確有誠意看待〉，《聯合報》，1991 年 5 月 20 日，第六版。
[12] 〈陳癸淼主張向日抗議〉，《聯合報》，1991 年 4 月 27 日，第四版。

成行[13]。第二次則是前述的波灣戰爭前夕，美海軍對海上自衛隊的要求。

即使是第三次的要求，日本決定要派出掃雷艇後，仍然有五名自衛官拒絕前往伊拉克，其中三名的原因是由於家人的反對[14]。這種逃兵的情形若是出現在二次大戰軍國主義盛行的時代時，將會受到國家嚴厲的制裁，而其家人也會遭受異樣的眼光。更重要的，社會大眾將不會知道有人拒絕從軍，因為所有情報都由國家嚴密監控。所以對照於此，我們實在不能與軍國主義有任何聯想。

海上自衛隊的掃雷部隊費時一個月，走了七千海里的航程後終於抵達波斯灣，並且與各國的掃雷部隊共同執行掃雷任務，得到了波斯灣沿岸各國的高度評價。作業到同年 9 月 11 日結束返國，10月 30 日抵達吳港，自衛隊首次海外派遣獲得了極大的成果[15]。然而，更重要的則是於 1992 年 6 月，日本終於通過「聯合國和平合作法」，使日本得以執行戰後首次的聯合國維和任務，擴大了國際貢獻。

二、柬埔寨 PKO

早在波灣戰爭之時，日本就已經開始討論使日本自衛隊可以參與聯合國 PKO 行動的「聯合國和平合作法」（以下簡稱 PKO 法案），但如前面所描述的狀況一樣，遭受到在野黨的強力反對，所以無疾而終。然而執政的自民黨並沒有就此放棄，仍然繼續推動該法，並且於 1991 年 12 月時在其擁有多數的眾議院中使該法通過。然而當

---

[13] 佐道明広，《戦後政治と自衛隊》（東京都：吉川弘文館，2006 年），頁 166。
[14] Weisman, "Breaking Tradition, Japan Sends Flotilla to Gulf," A11.
[15] 佐道明広，《戦後政治と自衛隊》，頁 172。

時的宮澤喜一政權面臨阿部文男、佐川急便等醜聞事件，迫使自民黨延後 PKO 法案在參議院的審理，直到下個國會議期[16]。

　　然而參議院與眾議院的情況不同。在眾議院內，執政的自民黨擁有過半數的優勢；但在參議院內卻沒有，因此自民黨必須聯合在野的小黨：公明黨與民社黨才有辦法使法案通過。雖然如此，主要的反對黨－社會黨與共產黨卻採取所謂「牛步戰術」，也就是在投票時採用相當緩慢的步伐走向投票箱，而其他的人則在自己的位子上打瞌睡[17]。

　　反對者之所以反對 PKO 法案，原因是認為該法案將會是日本自衛隊涉入外國戰爭的第一部。另外他們擔心的還有長期執政的自民黨持續地重新解釋憲法去擴大自衛隊的角色，而有些人更是會聯想到戰前日本的軍國主義[18]。前社會黨委員長土井多賀子就認為，過去宮澤喜一曾說若不修改憲法就無法使自衛隊派兵海外，但現在卻又聲稱即使不改變憲法也可以出兵海外，這種用釋憲的方式達成海派兵的方式，很明顯就是違憲[19]。

　　但 PKO 法案終究在萬難中通過了。基本上此法案確實給予了日本參與 PKO 任務的根據，但是卻具有相當多的限制。當自衛隊要參加 PKO 活動時，必須符合下列五點基本方針[20]：

---

[16] 陳世昌，〈PKO 案 日參院可望今表決〉，《聯合報》，1992 年 6 月 4 日，第九版。

[17] David E. Sanger, "Japan's Parliament Votes to End Ban on Sending Troops Abroad," *New York Times* (Late Edition (East Coast)), 16 Jun 1992, A1.

[18] Christopher J. Chipello, "Japan Passes Hotly Debated Bill Allowing Its Troops to Go Abroad," *Wall Street Journal* (Eastern edition), 16 Jun 1992, A10.

[19] 陳世昌，〈日人詰問聲浪高 宮澤政權一意孤行〉，《聯合報》，1992 年 6 月 13 日，第二版。

[20] 佐道明広，《戰後政治と自衛隊》，頁 174-175。

第一、在紛爭當事國之間，已經成立停戰協議。

第二、必須有接受 PKO 活動當事國的同意。

第三、活動必須嚴守中立。

第四、如果無法滿足上述一到三點時，必須暫時中斷任務，若是短時間內無法恢復正常情況，則將停止派遣。

第五、武器的使用，限於為了保衛自己以及其他隊員的生命、身體時使用。

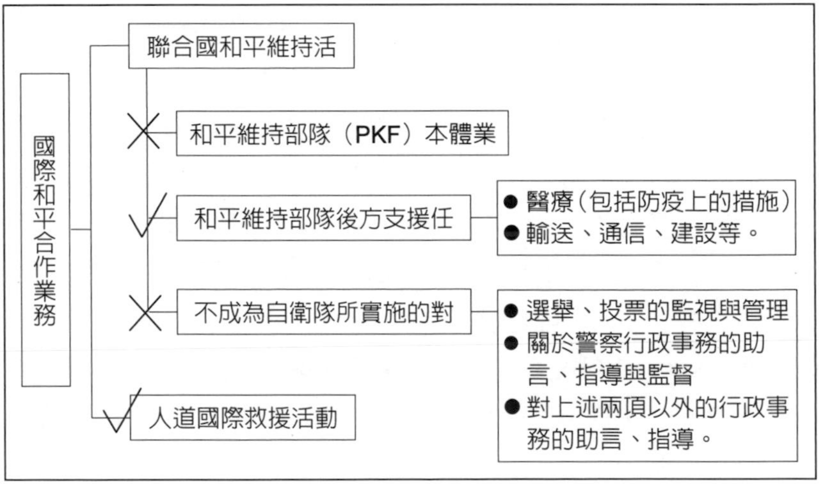

圖 5-1　國際和平合作業務中自衛隊所執行的任務[21]

　　就算能夠滿足上述五項原則之外，自衛隊能夠執行的任務也僅限於「和平維持隊後方支援業務」。若參照圖 5-1 就能明顯地發現所

---

[21] 資料來源：參考，修改自 http://www.clearing.mod.go.jp/hakusho_data/1993/w1993_03010.html (2007/6/6)。

謂的後方業務大致包括了醫療、輸送、通信、建設等任務,至於「和平維持隊本體業務」如監視武裝解除活動、廢棄武器的回收保管、或是選舉監視等活動都不是自衛隊能夠涉及的領域。故理論上雖然准許日本參與 PKO 活動,但由於本體業務充斥著捲入戰鬥的可能性,而這剛好又牽扯到日本憲法上禁止在海外使用武力的問題,所以只好凍結所有跟本體業務相關的領域。曾任外務省官員的岡本行夫就表示:「憲法禁止的是為了使用武力而派兵海外,連我這個鷹派的人都認為那部份(本體業務)有違憲之虞[22]」。

總而言之,在當時的階段中,PKO 法案使自衛隊可以派赴柬埔寨為維和任務提供後方支援,但卻不可能參與如南斯拉夫內戰等高風險的任務[23]。不過本體業務的凍結雖然也於 2001 年解除,但那也是在聯合國架構下的行動,也不帶有任何侵略性質。那麼,海上自衛隊在本次的 PKO 任務中,又扮演了何種角色呢?

在柬埔寨的任務主要是從事輸送、補給、建設架橋等任務,故主要的主角為陸上自衛隊的設施大隊。然而,若要運送總數高達 600 人的設施大隊以及必要的車輛前往柬埔寨,勢必需要海上自衛隊的運輸能力。因此,海上自衛隊便承擔了在日本與柬埔寨之間的運輸任務。

最初,由於缺乏柬埔寨當地相關的港口資料,便要求「柬埔寨國際和平合作專門調查團」的工作人員參加本活動,詳細地調查柬埔寨當地的港灣資料後決定從使用西哈努克港(Sihanoukville)作執

---

[22] David E. Sanger, "Japan's Troops May Sail, And the Fear Is Mutual," *New York Times* (Late Edition (East Coast)), 16 Jun 1992, A4.

[23] Chipello, "Japan Passes Hotly Debated Bill Allowing Its Troops to Go Abroad," A10.

行任務的港口。而對於這些工作人員，也與陸上自衛隊一樣接受了
預防接種等衛生方面的必備工作。在決定港口之後，海上自衛隊以
第一輸送隊的司令官為指揮官成立「柬埔寨派遣海上輸送補給部
隊」，其中包括了輸送艦「三浦（みうら）」、「牡鹿（おじか）」號以
及補給艦「十和田（とわだ）」號總計三艘艦艇，以及船員 390 人。
1992 年 9 月 17 日，該補給隊搭載設施大隊的隊員以及部份車輛，
從廣島的吳港出發，並於 10 月 2 日抵達柬埔寨[24]。

　　之後輸送艦三浦、牡鹿在西哈努克港邊停留，讓設施大隊登上
陸地，同時也為該大隊提供純水、宿泊、糧食等支援。另一方面補
給艦十和田號則因為西哈努克港水深過淺無法靠岸，所以停留在港
外進行對輸送艦的補給。而十和田則兩週一次往返於柬埔寨與新加
坡之間，進行生鮮糧食品與純水的補給。同年 12 月 14 日開始撤回
日本，十和田於 25 日、三浦與牡鹿則於 26 日返回吳港，同日該補
給完成任務便宣布解散。本次任務海自總共提供了 5000 人次的宿泊
支援、14000 份糧食、200 人次的醫療支援[25]。

　　然而關於周遭各國如中、韓對本次 PKO 的反應，仍多有批判，
而批判的重點仍然圍繞於所謂「軍國主義復活」，以及日本的歷史認
識問題。當時新加坡外交部發言人表示：「即使是聯合國的維和任
務，日本最好只扮演『尾巴』而非『牙齒』的角色。」並且認為「日
本是否能排除鄰國的憂慮主要取決於日本是否能認清自己過去的不
良紀錄以及能否與亞洲各國溝通。中國、韓國以及亞洲各國都遭受

[24] 《1993 年防衛白書》網路版，http://www.clearing.mod.go.jp/hakusho_data/1993/w1993_03.html (2007/5/29)
[25] http://www.clearing.mod.go.jp/hakusho_data/1993/w1993_03.html (2007/5/29)

到日本軍國主義的痛苦，這是個歷史事實[26]。」另外，韓國對此也相當不悅，各大報分別以相當大的篇幅報導，並且憂心軍國主義的復甦。朝鮮日報指稱，日本這種出兵海外的行徑與 1920 年代日本經濟低迷時趁機走向軍國主義相同，並且在 10 年之後侵略中國。還認為若日本軍國主義抬頭，則韓國將首當其衝[27]。

在台灣，當時的政府並沒有對日本採取嚴厲的態度，反而是有些立委與學採取強烈的批判態度。立委李勝峰表示，一旦通過 PKO 法案，無異使日本解脫非戰憲法的束縛……破壞地區均衡，造成軍備競賽而重現大戰陰影。而當時新國民黨連線的立委也召開「日本 PKO 法案對我國的衝擊」研討會。學者傅崑成在會中指出，日本是個相當現實的國家，在發展經濟後自然企圖加強軍備，若不想軍國主義在度復甦，則我政府應該向日本嚴重抗議。王曉波也直言，日本走上軍事路子是遲早的事[28]。

對於上述的看法，我們必須要再度把眼光放回 PKO 案上。要注意的是 PKO 法案也允許日本一般市民參加聯合國任務，如選舉監視、提供海外緊急醫療、難民救援、以及區域重建，而這些活動也不需要國會通過便可直接參與[29]。從這點來看，實在是不能理解本法案與軍國主義究竟有何關聯。而就算是自衛隊，參與 PKO 任務的

---

[26] Chipello, "Japan Passes Hotly Debated Bill Allowing Its Troops to Go Abroad," A10.

[27] 劉宗周，〈南韓：輿論抨擊日本海外派兵法案〉，《聯合報》，1992 年 6 月 16 日，第九版。

[28] 〈通過派兵海外　日軍國主義復甦警訊〉，《聯合報》，1992 年 6 月 13 日，第二版。

[29] James Sterngold, "Japanese Troop Bill Clears Parliamentary Hurdle," *New York Times* (Late Edition, East Coast), 9 Jun 1992, A13.

成員也都多屬於非戰鬥單位，如陸上自衛隊當時是以中部方面隊下的第 4 設施團為主，攜帶的武器也只有手槍與步槍等小武器，並且也無法主動使用武器；而海上自衛隊的兩艘輸送艦與一艘補給艦則幾乎更是沒有進行侵略的能力。

又有一種說法認為，日本應該了解聯合國之所以會要他在柬埔寨和平上負擔重任，主要是看重其財力，要他多捐些錢協助經長期戰亂的高棉進行重建[30]。然而早在波灣戰爭當時，日本就領悟到無法回應美國派兵的要求，便透過增加平均每人 74 美元的增稅，籌出了 90 億美元加以對應，並且造成日圓兌美元的下滑。然而美國又表示還不足 10 億美元，最後協調的結果，日本又再度支付了 10 億美元。話雖如此，1991 年 6 月的朝日-Harris 民調顯示了 71%的美國人對日本的政策「一點評價也沒有」[31]。

總而言之，柬埔寨 PKO 任務若從邁向正常國家的總體戰略角度來看，並沒有什麼令人質疑之處。在這裡日本自衛隊所扮演的並非是直接戰略，而是一種間接戰略，是透過參與國際貢獻維護地區和平、獲得國際認同的手段。更近一步說，波灣戰爭時日本面臨兩種選擇，一種是繼續討好中國與南韓，一種是走向世界價值。而日本所選擇的是後者，並且積極地重返國際社會，負擔一個經濟大國應有的國際責任而已。

---

[30]　〈現時日本仍無資格派兵海外〉，《聯合報社論》，1992 年 6 月 10 日，第二版。

[31]　宮下明聰、佐藤洋一郎，〈現代日本のアジア外交〉（京都：ミネルヴァ書房，2004 年），頁 128。

三、土耳其地震災害救助

對於 PKO 法案，是人容易遺忘的一點是在此法案通過的同時，也修正了「國際緊急援助隊法」。所謂「國際緊急援助隊法」是制定於 1987 年，本法律主要是在日本海外地區，特別是發展中國家遭受到大規模災害時，在被害國政府或是國際機關的邀請下，日本可以派遣國際緊急救隊前往救災。

但日本從事國際救助的歷史可以再往前推進一些。1970 年後半，柬埔寨難民成了國際性的問題，日本也與歐美國家一樣，於 1979 年派遣了醫療團隊前往泰國處理柬埔寨難民問題。但是由於處理本事件的反應過慢，因此為了能夠迅速出動醫療相關人員，漸漸形成一種希望能夠建立迅速出動醫療相關人員的意見，終於 1982 年創立國際緊急醫療團隊「JMTDR」。後來在經歷過 1985 年的墨西哥地震、哥倫比亞火山爆發後，日本認識到必須要建立更專門如包含「救助團隊」、「專家團隊」的派遣體制。於是在 1987 年 9 月公佈「國際緊急援助隊法」後，才確立了具有「救助團隊」、「專家團隊」、「醫療團隊」的國際緊急援助隊派遣體制[32]。1992 年 PKO 法案通過時，順帶修正了此「國際緊急援助隊法」，讓自衛隊可以參與國際救難活動，負責必要的人員物資輸送、醫療活動、供水活動等。

法案修正後，自衛隊雖然曾在 1998 年時參與宏都拉斯颱風救助活動，但是當時並沒有投入海上自衛隊。直到 1999 年 8 月 17 日，土耳其發生芮氏規模 7.4 級、造成一萬多人死亡的大地震時，海上自衛隊才首次投入國際緊急援助活動。地震發生不久後，日本外務

---

[32] 〈国際緊急援助隊制度の沿革〉，http://www.mofa.go.jp/mofaj/gaiko/oda/shiryo/hyouka/kunibetu/gai/k_enjyo/ke03_01_0201.html (2007/5/29)

大臣高村正彥立刻發表對土耳其援助的聲明，表示日本將提共一百萬美元的援助金，其中包括四十萬美金的醫療、帳篷、毛毯等物品，並且派遣 50 名救難人員前往當地救災[33]。然而到了 8 月 24 日，由於災情超乎當初預期，日本宣佈將追加對土耳其的援助，並且派出第二梯次的醫療團。

　　有鑒於日本在阪神大地震中，日本使用了「組合屋」安置那些流離失所的災民，於是兵庫縣這次便主動提供了「組合屋」給土耳其災民使用。然而，日本官方表示，若要用民間商船來運輸這些組合屋，則每個組合屋將要花費 35 萬日圓，而這也使土耳其政府感到猶豫不定[34]。於是當時的防衛廳長官野呂田芳成決定派遣海上自衛隊來執行這項任務，他表示若由海上自衛隊來執行運送的任務，其成本與使用商船來運送，將會低上許多[35]。

　　這個提案被認可後，海上自衛隊成立了「土耳其共和國派遣海上輸送部隊」。本部隊由「大隅（おおすみ）」號輸送艦、「常盤（ときわ）」號補給艦、「豐後（ぶんご）」號掃海母艦三艘護衛艦，以及 430 名人員所組成，負責運輸首批 500 個組合屋前往土耳其。1999 年 9 月 23 日從神戶港出發，航行途中為了補給，曾經在埃及的亞歷山卓港靠岸，到了 10 月 19 日才正式駛入土耳其，展開卸貨作業。

---

[33] "Japan to Extend 1-M.-Dlr Emergency Aid to Turkey," *Jiji Press English News Service*, 19 Aug 1999.

[34] "Japan Mulls Use of SDF Ships for House Transport to Quake-Hit Turke," *Jiji Press English News Service*, 3 Sep 1999.

[35] "Japan to Send SDF Vessels to Aid Quake-Hit Turkey," *Jiji Press English News Service*, 7 Sep 1999.

10 月 23 日開始返航，11 月 22 日抵達日本。本次輸送任務總計花費兩個月的時間，總航程約達 18,000 海浬（約 33,000 公里）[36]。

　　至於本次任務，是否與軍國主義相關呢？答案顯而易見。大隅號雖然具有載運部隊的功能，但其載運空間應該都拿去裝載組合屋，而非軍事武器。常盤號補給艦、豐後號掃海母艦完全是後勤用艦艇，與軍事行動更是毫無關聯。故本次國際援救活動，應該視為使用海上自衛隊來執行國際貢獻的例子，透過國際貢獻去追求更穩定的世界和平，是一個正常國家，尤其是經濟大國應有的行為。

　　總結來說，日本的國際貢獻是受到波灣戰爭的影響後才開始起步。而最初由於顧慮到國內外的意見，以及憲法本身帶來的限制，故僅僅參與後方支援等任務。從波斯灣、柬埔寨到土耳其，日本至今不論在海外從事怎樣的任務，其大原則都沒有太大的變化：僅僅從事後方支援。

第二節　反恐與人道復興

　　2001 年，911 事件的發生給予日本進行國際貢獻一個極大的機會。不但參與了進攻阿富汗的後勤支援任務，同時於 2003 年第二次波灣戰爭後，派遣陸上自衛隊前往伊拉克進行人道復興工作。本節首先討論在阿富汗反恐戰爭時，日本海上自衛隊前往印度洋擔任後

---

[36] 〈トルコ共和国における国際緊急援助活動に必要な物資の輸送〉，http://www.clearing.mod.go.jp/hakusho_data/2000/honmon/frame/at1204020202.htm (2007/5/29)

勤輸送角色，接下來則討論伊拉克人道復興支援時，海上自衛隊的
任務。檢視其是否具有軍國主義的嫌疑。

一、印度洋派遣任務

　　2001 年 9 月 11 日，美國發生了首次本土恐怖攻擊「九一一」
事件。雖然本事件與日本無關，但對身為美國友邦的日本來說，勢
必要做出什麼樣的決策，好讓美國知道日本是站在美國這一邊的。
雖然如此，日本當下並沒有任何法源基礎可以支援美國的軍事行
動。唯一的法源是來自於 1998 年所制定的「周邊事態」法，但中東
地區並非日本周邊。

　　關於這一點，防衛廳與海上幕僚監部認為製作新法案需要花太
多時間，故主張使用周邊事態法為基礎。但外務省與北美局卻都主
張「沒有新法案是不能的」。這是因為這兩個部會一向注重所謂的國
會答辯[37]，也就是需要更正確的法源基礎，否則將會引來不必要的
質疑。但日本政治家們鑑於波灣戰爭時日本所陷入的窘境，因此他
們必須要盡全力地確保不會再度被排拒在聯盟之外[38]。

　　也許正是受到波灣戰爭當年「PKO 法案」流產的影響，本次的
立法速度相當快。2001 年 9 月 20 日就有消息傳出日本將制定新法
案，使自衛隊可以支援由美國與 NATO 所領導的反恐戰爭。在此新
法案下，自衛隊可以輸送物品、展開醫療援助以及支援難民，然而

---

[37] 朝雲新聞社「自衛隊 50 年」取材班，《自衛隊－知らざる変容》，頁 34

[38] David Leheny, "Tokyo confronts terror," *Policy Review*, no.111 (Dec 2001-Jan
　　2002): 37-48.

不能運送彈藥與武器[39]。而自民黨之外的主要政黨如新公明黨、新保守黨也都支持日本在非戰鬥領域中以非軍事的方式支援美國領導的反恐戰爭[40]。一切的情況與十年前都顯得相當不同。

　　2001 年 10 月 5 日，小泉政府正式向國會提出「反恐對策特別措施法」，並於同月 18 日於眾議院表決過關。29 日，該案在參議院進行表決，以 140 票對 100 票宣告通過。其速度之快，實在與當年的國際和平合作法不能相比。而這個反恐特別對策法對自衛隊來說，有兩點重大的轉變：

1、三項新任務

　　本次的反恐特別措施法主要准許自衛隊三項任務：
- 對諸外國軍隊的物品、服務、醫療等的提供。
- 對於戰鬥參加者的搜索、救助。
- 對難民提供食料、醫藥品的輸送與醫療幫助等人道支援。

　　從這三點看來，自衛隊仍然不從事直接的戰鬥活動，其任務僅限後方任務。而且性質其實與「周邊事態法」有著類似之處：如對美軍的物資提供、以及對戰鬥員的搜索與救助。而本法的著眼其實是以「世界」為基礎。本法原來的名稱為「為了應對平成十三年 9 月 11 日於美國發生的恐怖攻擊，以及達成聯合國憲章的目的，我國對於各國所實施的措施以及基於聯合國

---

[39] "Japan's SDF May Support NATO, Other U.S. Allies," *Jiji Press English News Service*, 20 Sep 2001.

[40] "Japan SDF Support Possible Overseas under New Law," *Jiji Press English News Service*, 24 Sep 2001.

決議的人道措施的特別措施法。」從這一長串的名稱來看，日
本仍然是以人道、聯合國決議等思想為立法基礎。因此，日本
政府並不僅止於考量日本本身的防衛，同時也不是 PKO 活動與
災害救助，而是為當國際發生重大事件時，能夠派遣自衛隊參
與而開道[41]。

　　自衛隊提供的資源與服務包括了補給、修理、運送、醫療、
通訊等，而在輸送品方面包括了人員與物品，但並不包括武器
與彈藥[42]。另外，本法時限為兩年，當到達時限後，政府可依
照需求決定是否要繼續延長。

2、放寬武器使用限制

　　本法另一項特點就是武器使用的鬆綁。在過去的 PKO 法案
的架構下，自衛隊在執行任務時僅限於保護現場的同僚，但特
別措施法第十二條中卻規定可以使用武器的場合為：「為了防護
自己以及同在現場的其他自衛衛隊員，或是伴隨自己職務下的
人員之生命與身體，而不得不使用武器時」。本條的重點在於，
過去僅能保護自己與同僚，但是現在則能保護因為任務而歸屬
於管轄下的人員。這也就是說自衛隊可以使用武器去保護在
自己管轄下的災民，而這對自衛隊來說，可說是一個劃時代
的進步。

---

[41] 朝雲新聞社「自衛隊 50 年」取材班，「自衛隊－知らざる変容」，頁 43。
[42] 〈テロ対策特措法と基本計画の概要〉，http://www.clearing.mod.go.jp/
hakusho_data/2006/2006/html/i5133000.html (2007/5/29)

　　本法案通過後於 2001 年 11 月 2 日正式實施。不過日本於 11 月
9 日派遣至阿拉伯海的海上自衛隊艦艇並不是以本法的名義出動，
反而是以防衛廳設置法的「研究、調查」為基礎的情報收集活動。
原因主要是因為雖然在當時反恐特別措施法已經成立，但派遣的基
本計畫卻尚未出來。但日本害怕若再繼續等待下去，則很可能戰爭
就結束了，所以在此之前必須要展示「日本的存在」，所以才會以防
衛廳設置法為基礎，先派遣了三艘護衛艦前往[43]。故 9 月 19 號反恐
法尚未成立之時，小泉發表「以情報收集為目的，迅速派遣自衛艦
艇」的決策，經過安全保障會議認可後才開始計畫。本部隊在抵達
後的行動根據，就改以反恐特別措施法為基礎[44]。

　　而正式以反恐特別對策法為基礎派遣的部隊則於 2001 年 11 月
25 日出發，以下便分別描述兩次派遣的部隊與任務。

　　如前所述，第一次派遣的部隊於 11 月 9 日於日本九州的佐世保
港出發。本部隊由直升機護衛艦「鞍馬（くらま）」、護衛艦「霧雨
（きりさめ）」以及補給艦「浜名（はまな）」所組成，還包括了四
艘 SH-60J 反潛直升機，以及 700 名人員。到了 11 月 25 日，日本正
是基於反恐特別措施法，派出了護衛艦「沢霧（さわぎり）」、補給
艦「十和田（とわだ）」、掃海母艦「浦賀（うらが）」前往印度洋從
事支援與救援活動[45]。

---

[43] 朝雲新聞社「自衛隊 50 年」取材班，「自衛隊―知らざる変容」，頁 47。

[44] 〈テロ対策特措法に基づく活動〉，http://www.clearing.mod.go.jp/hakusho_data/
2002/column/frame/ak143001.htm (2007/5/29)

[45] http://www.clearing.mod.go.jp/hakusho_data/2002/column/frame/ak143001.htm
(2007/5/29)

　　2001 年 12 月 12 日,第二梯次的部隊抵達巴基斯坦的喀拉蚩港,
掃海母艦浦賀號在此卸下 200 噸的物資,包括了帳篷與毛毯,這些
物資是要幫助從阿富汗逃亡巴基斯坦的難民。在把物資交與聯合國
人員後,浦賀號開始返航回日本,而擔任務護衛的澤霧號與十和田
號則繼續向印度洋航行,與第一梯次的部隊會合後共同展開支援美
軍給油與運輸的任務[46]。另外,2002 年 1 月時,海上自衛隊首次對
英國船隻進行補給任務。在該區域的英國船隻約有十艘,而海上自
衛隊也表示,若有須要時也將再度提供補給給英國船隻[47]。

　　本次任務至今仍在執行(2007 年 3 月),而反恐特別措施法也
經過兩次的延長。至 2004 年 10 月為止海上自衛隊一共進行燃料補
給 431 次,提供約 37 萬 5 千噸、價值 430 億日圓的燃料[48]。而根據
維基百科日語版,至 2006 年 12 月 7 日為止,總給油量上升到 46 萬
噸[49]。然而 2007 年 7 月的參議院選舉,執政的自民黨慘敗,反而讓
以民主黨為首的在野黨取得過半的優勢。也因以「反恐特別措施法」
為基礎的印度洋補給任務也在該法時到期後,因無法再參議院,被
迫終止。此後,執政的自民黨使用憲法 59 條中的規定:若參眾兩院
意見僵持不下時,可以眾議院 2/3 以上同意進行再表決,於 2008 年
1 月 11 日通過新的反恐特別措施法,讓海上自衛隊再度前往印度洋

[46] "Japan's SDF Ships Arrive in Karachi," *Jiji Press English News Service*, 12 Dec 2001.

[47] "Japan MSDF Vessels Supply Fuel to U.K. Warships, " *Jiji Press English News Service*, 30 Jan 2002.

[48] しもみち直紀,《これでいいのか日本の外交、防衛》(東京都:大村書店, 2005 年),頁 45。

[49] http://ja.wikipedia.org/wiki/%E8%87%AA%E8%A1%9B%E9%9A%8A%E3% 82%A4%E3%83%B3%E3%83%89%E6%B4%8B%E6%B4%BE%E9%81%A3 (2007/3/19)

進行補給任務。而動用到憲法 59 條的規定，是自 1951 年以來的第二次[50]。

　　不可避免，我們仍然要去討論其他國家對海自派遣艦艇前往印度洋一事做何評論。中國仍然認為日本派遣艦艇前往印度洋實屬不需要，各大媒體也刊登數篇學者的專文，警告日本不可以反恐作戰為名，來放棄該國的和平憲法[51]。有些說法認為日本可以使用其他方法幫助美國，如經濟制裁或是增加對難民的援助，但他卻選擇了軍事手段，這些行為超出了日本在反恐戰爭中應有的貢獻。於是應該擔心日本的下一步是否是要去修改憲法？或是它是否會成為一個擾亂區域或是全球安全的軍事大國[52]。

　　中國普遍的思維似乎是，日本右翼份子利用反恐的機會擴大其軍事範圍，他們認為 1992 年 PKO 法案是右翼不滿日本軍事現狀的產物，而 2001 年的反恐特別措施法如此迅速地通過與實施，更是日本軍國主義的最大証明[53]。然而，同一個事件在西方人眼中卻有不同的看法。Alexandra Harney 認為這是一種新的轉變，是代表著日本不再使用支票外交，而是成為一個有所行動的協調者[54]（no longer a chequebook diplomat but an engaged peacemaker）。

---

[50] 讀賣新聞網路版，〈新テロ対策特措法が成立、 57 年ぶりの衆院再可決〉，2008 年 1 月 11 日。http://www.yomiuri.co.jp/politics/news/20080111it05.htm?from=navr (2008/1/19)

[51] 張佑之編譯，〈防杜軍國主義，中共適得其反〉，《中央日報》，2001 年 12 月 23 日，第七版。

[52] Zan Jifang, "Japan overseas military action arouses concern," *Beijing Review* 144, no.46 (2001): 10.

[53] Xin Bei, "Japan's rightists fish in troubled waters," *China Daily*, 27 Nov 2001, P4.

[54] Alexandra Harney, "Chequebook diplomat changes role: Japan is seeking to be seen as a serious peacemaker, but critics warn it is not yet ready for the task," *Financial Times*, 24 Jan 2002, P9.

　　會造成這兩種不同觀點的關鍵在於：西方人有注意到日本在
1991 年波灣戰爭時那種優柔寡斷，不肯出兵加入聯軍，連基本的醫
療支援也不願投入的態度。所以就算日本捐出了 130 億美金的支
援，仍然無法獲得國際社會的肯定。而對於中國人來說，確似乎完
全忽略了這點關鍵因素，反而聚焦在二戰的歷史認識問題上，自然
無法認清日本積極想要擺脫「支票外交」的陰影。在這兩種選擇上，
日本只不過是選擇了西方社會的觀點，認清自己不能再靠一國和平
主義作為處理國際關係的原則而已。

　　至於在日本國內，民調的結果大多支持日本與美國共同對抗恐
怖主義，而且也都多半限定在非軍事項目。如日本經濟新聞於 2001
年 9 月中旬小泉訪美之時所作的民調顯示，有百分之七十的民眾贊
成動員自衛隊支援美國部隊。每日新聞也於 9 月 27 日進行電話民
調，顯示有百分之六十三的民眾支持小泉政策，反對者佔百分之三
十。至於有關協助美國的方式則以提供醫療、難民支援等非軍事方
式得到最多支持佔百分之五十六，協助運輸食物等物資佔百分之二
十六，武器彈藥補給、資金援助、及參加戰鬥依序為百分之六、五、
四。到了 10 月 14 日，每日新聞再度針對反恐進行民調，結果為百
分之五十七贊成，百分之三十七反對。另關於派遣自衛隊是否需要
國會同意一事，百分之六十的民眾表示需要[55]。

　　若將此民調對照共同新聞社於 1990 年 8 月 31 日到 9 月 1 日所
做的調查，則可以發現日本民意的改變。當時此民調顯示，百分之
五十九的人相信日本對多國聯軍提供資金援助是適當的，而且有百

---

[55] 梁嘉木，〈日自衛隊海外活動鬆綁〉，《中央日報》，2001 年 11 月 05 日，第
　　十版。

分之八十三的人反對派遣自衛隊[56]。這種鮮明的對照似乎能反映出，經過十年的國際環境改變後，日本人逐漸不再死守一國和平主義，而是要對國際有所貢獻。而且，既使是派遣自衛隊，日本人所支持的活動仍然侷限於後方支援、難民救助等，而非直接地參與軍事行動。

　　因此，雖然是海外派兵，但其動機絕非是意圖實行軍國主義，意圖擾亂亞洲與世界和平。其目的是基於向美國表示日本是可信賴的同盟，而非如過去僅僅依靠支票進行外交。另一方面也展現了其融入國際社會、放棄一國和平主義的決心。而最終的，這仍然與追求普通國家脫離不了關係。

二、伊拉克人道復興

　　2003 年 3 月 20 日，美國以伊拉克持有大規模毀滅性武器為理由揮軍攻入巴格達，開啟了伊拉克戰爭的序幕。傳說中強大的伊拉克陸軍並沒有展現抵抗力，反而銷聲匿跡。因此 2003 年 5 月 1 日，美國總統布希於林肯號航空母艦上發表勝利宣言，並說明往後的重點在於伊拉克的治安與重建工作。然而美國的主要戰爭結束後，卻是日本頭痛的開始：自衛隊究竟能在伊拉克重建上提供何種支援？

　　2003 年 5 月 23 日，美國總統布希與當時日本首相小泉純一郎在布希位於德州 Carwford 的私人牧場進行雙邊會談。這對日本來說是相當高的禮遇，因為布希很少在工作日於私人牧場會見外國元首，據說是布希感謝日本在第一時間就支持美國進攻伊拉克的行

---

[56] 宮下明聰、佐藤洋一郎，《現代日本のアジア外交》，頁 129。

動[57]。雙方的會談議題包括了北朝鮮核武、經濟議題，不過在會後記者會時，小泉正式表示「日本將會積極地支援伊拉克的國家重建工作[58]。」

然而如同當年印度洋派遣問題一樣，勢必要有一個適當的法源基礎才行。這便是「伊拉克特別措施法」的誕生。當時由於已經接近國會議期的結束時間（6月18日），因此為了審議與辯論此法案，必須要加開特別會議。不過由於當時執政三黨擁有過半數的席次優勢，故本法案在6月24日進入國會審議後，就於7月26日以136對102票通過。然而，問題絕對不是法案能不能通過，而是自衛隊究竟能幹什麼。

從法條上來看，本法案准許自衛隊依照聯合國決議1483號進行人道復興支援活動與安全確保支援活動。依照定義，所謂人道復興支援活動乃是對伊拉克國民的醫療、糧食、設備的重建等活動。而安全確保支援則是對參與伊拉克的安全與安定活動的各國進行輸送、通信、整備。也就是美國與聯軍的後方支援[59]。本計劃是限時立法，於四年後將再度審議是否有延長的必要。然而本法也規定實施這些作業時，必須在所謂「非戰鬥區域」內，而這也是反對黨反對此法的主要原因：他們認為伊拉克內並沒有所謂的「非戰鬥區域」。

最大反對黨民主黨黨魁菅直人表示，派遣部隊到伊拉克將會違反憲法。政府雖然宣稱自衛隊不會被派遣到戰鬥區域，但他認為「只

---

[57] "U.S. Announces Bush-Koizumi Meeting at Texas Ranch," *Jiji Press English News Service*, 9 May 2003.

[58] 朝雲新聞社「自衛隊50年」取材班，《自衛隊─知らざる変容》，頁76。

[59] 朝雲新聞社「自衛隊50年」取材班，《自衛隊─知らざる変容》，頁78-79。

要有戰鬥區域，就不該派遣自衛隊[60]」。正巧當時美國在伊拉克的中央軍指揮 John Abizaid 表示最近聯合軍正遭遇到「典型的游擊戰狀況」，故本次海外派遣在危險上的確有別於過去的案例[61]。

關於非戰鬥地區的爭論，因為 2003 年 11 月發生的日本外交官遭到恐怖攻擊事件而升高。當時兩名日本的外交官員在沒有護衛的情況下駕車前往巴格達北部的提克里克（Tikrit），準備參加非政府組織的會議，但卻在途中遭到恐怖份子的襲擊而喪生，這件事情震驚了日本。雖然本事件提供了在野黨攻擊伊拉克派兵的理由，但日本政府仍然繼續準備自衛隊派赴伊拉克的事宜。小泉並且表示：「日本仍然堅持拒絕跟任何恐怖主義低頭[62]。」

於是，派赴伊拉克的基本計畫於 12 月 9 日完成，規定派遣人員上限為六百名，車輛兩百輛以內。車輛包括有推土機、輪型裝甲車、輕型裝甲機動車以及其他車輛等。另外位了安全的必要也可以攜帶手槍、步槍、機關槍、無後座力砲以及步兵用反戰車飛彈。而海上自衛隊能派赴的艦艇為適合輸送的艦艇以及護衛艦各兩艘以內[63]。2003 年 12 月 26 日，首批航空自衛隊先遣部隊 48 人正式出發，展開伊拉克人道復興作業。

---

[60] James Brooke, "Japan Courts a Public Wary Of Sending Its Troops to Iraq," *New York Times* (Late Edition (East Coast)), 28 Jul 2003, A10.

[61] "World Watch," *Wall Street Journal* (Eastern edition), 28 Jul 2003, A9.

[62] "Killing of Diplomats in Iraq Clouds Japan's Troop Dispatch Plan," *Jiji Press English News Service*, 30 Nov 2003.

[63] 〈イラク人道復興支援特措法に基づく対応措置に関する基本計画の概要〉http://www.clearing.mod.go.jp/hakusho_data/2004/2004/html/16s36.html (2007/6/6)

　　至於海上自衛隊的部隊，則於隔年 2004 年 2 月 20 日才出發。本次海上自衛隊仍然派出大隅號運輸艦，加上泛用型護衛艦「村雨（むらさめ）」，連同人員 300 名所組成的海上輸送部隊。本部對負責運輸第一次伊拉克復興支援群所使用的車輛約 70 輛，於 2 月 20 從北海道的室蘭港出發，同年 3 月 15 日抵達科威特。在把車輛等輸送完了後，於 4 月 8 日返抵日本[64]。至於伊拉克人道復興任務，經過 2004、2005 年的延長後，終於 2006 年 7 月將陸上自衛隊全數撤收，僅僅留下航空自衛隊擔輸送任務。總計三年多的時間內，自衛隊員並沒有產生任何傷亡紀錄。

　　至於本次任務是否帶有軍國主義性質，可以先從海自看起。海上自衛隊本次僅僅派出一艘大隅號運輸艦、一艘村雨號護衛艦來執行任務。大隅號常常被當作日本投射兵力的象徵，但事實上日本總共也才擁有三艘大隅級輸送艦。雖然大隅級可以當成強襲登陸艦使用，但是其有限的數量仍然無法應付中國人口中的「軍國主義復甦」、「攪亂世界安全」的企圖。何況本次任務也僅僅是單純的輸送任務而已，就算加上有戰鬥力的村雨級，但其也只是擔任護衛任務，光靠一艘護衛艦是無法實行軍國主義的行為。

　　我們可以從另一個角度去看日本派自衛隊到伊拉克是否帶有軍國主義的成分。2003 年 3 月美國發動伊拉克戰爭時，小泉純一郎首相招開了臨時內閣會議，並且表示：「第一要對經濟上受到本次武力使用所影響之伊拉克週邊地區，進行緩和影響的支援。第二要策劃對伊拉克地區的大規模毀滅武器、海上的水雷以及有關於重建與人

---

[64]　〈イラクにおける人道復興支援活動と安全確保支援活動など〉，http://www.clearing.mod.go.jp/hakusho_data/2004/2004/html/164123.html (2007/5/29)

到支援等必要的措施。」這也就是開戰時口頭承諾將會派遣掃雷部隊前往處理遺留的水雷。不過,除了現實上無法立即派兵的問題之外,還有加上 4 月份有地方選舉。因此考量到民意的影響因素,變延遲了掃海部隊的派遣計畫,不過在這期間英國海軍便早已展開掃雷工作,最後日本派遣掃雷部隊的計畫就這樣消失了[65]。

即使伊拉克特別措施法於 7 月通過,但實際制定計劃卻延至 12 月才完成。小泉之所以延後自衛隊派遣計畫,除了在這段時間發生了聯合國在巴格達的總部遭到炸彈攻擊之外,同時他也擔心議會強烈反對此計劃[66]。所以早在七月時便有媒體認為,小泉為了考量 11 月的選舉勢必延後伊拉克派遣計畫[67]。我們若從這兩個對民意與選舉的考量來觀察的話,便足以反駁所謂軍國主義復甦之說。我們必須了解,只有民主夠成熟的國家才會考量到民意。如果像日本二戰時期軍國主義政府那樣,怎麼可能考量任何民意的動向呢?

日本之所以會支持美國的政策,並且派遣自衛隊遣往支援聯軍,主要的考量還是來自於美日同盟的利益。拿 2001 年制定的反恐特別措施法來看,它並不是真正的反恐法,而比較像是一個幫助美國在特別場合行動的構想。也就是說,就算不去討論日本船隻的幫忙能夠帶給美國多少幫助,但無疑地這些行動就是要使日本成為一個可信賴的盟邦夥伴:一個願意與美國一起分擔風險的夥伴[68]。為何美國會如此重要?其實只要看看日本周邊情況後,答案自然揭

---

[65] 朝雲新聞社「自衛隊 50 年」取材班,《自衛隊-知らざる変容》,頁 74。

[66] Norimitsu Onishi, "Japan Commits Itself to Sending Up to 600 Ground Troops to Iraq," *New York Times* (Late Edition, East Coast), 10 Dec 2003, A16,

[67] Eric Schmitt, "Japan Authorizes Troops for Iraq; First Forces in War Zone Since '45," *New York Times* (Late Edition, East Coast), 27 Jul 2003, A1.

[68] David Leheny, "Tokyo confronts terror," 37-48.

曉。我們這麼認為：主要的考量，就是日本無法依靠自己的力量防止北朝鮮、中國的攻擊。對北朝鮮來說，他並沒有任何要懼怕日本的理由，然而他卻必須考慮美國的力量。對中國來說，日本畢竟無法跟美國相比。所以若日本要取得一個力量上的平衡，則他勢必要依靠美國的力量。

也正是因為如此，日本在追求普通國家的道路上，需要與美國保持親密關係。然而日本礙於本身憲法的限制並無法提供直接軍事上的幫助，所以只好使用所謂補給、醫療、輸送等較間接的方式來支援美國。雖然這些東西在整個戰爭中似乎是微不足道，但自衛隊透過提供非軍事基本人道支援，確實也能夠獲得一定程度的國際評價。

日本考量這種利益後，自然會願意派遣自衛隊前往伊拉克。而海上自衛隊的運輸能力就成了一個很好用的工具，他們可以運輸物資到巴基斯坦，可以在印度洋提供油料，也可以運輸陸上自衛隊要使用的車輛，以達到國家總體戰略的需求，故其派遣動機與意圖恢復軍國主較無直接關聯。

總之，不論是印度洋的補給任務或是輸送陸自人員裝備到伊拉克，海上自衛隊會如此積極地進行這些任務，主要都能反映出日本的國家戰略目標：追求普通國家。這是因為美國的協助對日本走向普通國家來說是很重要的因素，它不但能協助日本防衛本土，也能穩定周邊情況，更能提供日本走向國際的機會。

第三節　國際災害救助

　　自從「國際緊急援助隊法」修正後，自衛隊便被准許參與國際救災活動。而海上自衛隊在 1998 年首次被派遣至發生大地震的土耳其，負責運送由日本提供的「組合屋」給當地災民使用。六年之後，南亞發生大海嘯，東南亞各國受災不少。本節便討論在這次海嘯災難中，海上自衛隊所執行的任務與其是否具有軍國主義特性？亦或是總體戰略下的政治活動？

一、南亞大海嘯

　　2004 年 12 月 26 日，東南亞地區首先是發生規模九的大地震，隨後又引發大海嘯，造成印尼、泰國等地嚴重的災情。對於此次災難，日本防衛廳於 12 月 28 日發出派遣命令，派遣正由印度洋結束反恐任務的三艘護衛艦：「霧島號（きりしま）」、「高波號（たかなみ）」以及補給艦「濱名號（はまな）」。這三艘護衛艦於 12 月 29 日抵達泰國普吉島，並且展開搜索與救援的活動[69]。

　　然而，在本次災害中受害最嚴重的應該是印尼的亞齊省。2005年 1 月 3 日，印尼政府首次向日本要求支援。為了應對本次災難，防衛廳長官大野功統決定以國際緊急救助隊法為基礎，派遣自衛隊

---

[69] "Japan MSDF Vessels to Start Rescue for Tsunami Victims on Wed," *Jiji Press English News Service*, 29 Dec 2004.

前往救災，而海上自衛隊這次也銜命出動，準備擔任陸上自衛隊人員與物資的運送工作[70]。

同年 1 月 7 日，防衛廳正式發布派遣命令，海上自衛隊由大隅級輸送艦「國東號（くにさき）」、補給艦「常盤（ときわ）號」、直升機護衛艦「鞍馬（くらま）號」組成輸送隊。這批輸送隊除了負責運送 40 名陸自隊員外，還搭載了三架 CH-47、兩架 UH-60 黑鷹直昇機，以及送水車、醫療、消毒設備等三十台車輛。而考量到當地的安全狀況，將不會在當地搭設任何營地[71]。另外，大野功統也下令成立一個約 20 人的統合連絡調整所（JCC:Joint Coordination Center），負責協調三自衛隊的活動以及保持與美軍的聯繫[72]。本次日本派遣陸海空三自衛隊共 970 名隊員參與救災工作，規模相當龐大。1 月 9 日，防衛廳長官大野功統親自前往印尼與印尼國防部長 Jowono Sudarson 會談。Sudarson 表示，所有在印尼亞齊省救災的外國部隊，都應該接受印尼人民福利協調部長（People's Welfare Coordinating Minister）Alwi Shihab 的指揮，並且滯留的期限僅止於三個月[73]。

海上自衛隊在當地主要是負責運送物資與人員。一架海自的 SH-60J 與兩艘氣墊艇（LCAC），一同與陸自的 UH-60JA、CH-47JA

---

[70] "Japan to Send SDF Units to Tsunami-Hit Indonesia," *Jiji Press English News Service*, 4 Jan 2005.

[71] "Japan MSDF Transport Ship Leaves Kure on Relief Mission," *Jiji Press English News Service*, 7 Jan 2005.

[72] "Ground, Maritime SDFs Called Out for Tsunami Relief Mission," *Jiji Press English News Service*, 7 Jan 2005.

[73] "Yuwono: Foreign Troops Should Heed Minister's Command," *Antara*, 9 Jan 2005.

在亞齊省各地間運輸救援物資以及重建工事使用的重型機器。總計本次自衛隊的活動，一共運輸了救援物資約 400 噸、人員約 2100 名、重型機器 35 輛。2005 年的防衛白皮書列出了本活動的三項特徵：

第一、這是自衛隊進行國際緊急援助工作以來，首次派遣直昇機在當地執行救援物資等的航空輸送。

第二、由海上自衛隊國東號擔任運輸陸上自衛隊的直昇機，以及由停泊在亞齊省海岸的海上自衛隊艦艇作為陸上自衛隊派遣部隊的根據地等，可說是預定於 2005 年末開始實施的「統合運用體制」的試金石。

第三、這是第一次派遣包括三自衛隊以及統合幕僚人員總計約 1000 人的活動，可說是自衛隊歷史上最大的海外派遣活動。因此有鑑於聯合三自衛隊之間的行動，特別開設了統合連絡調整所負責相關活動的協調[74]。

整個自衛隊的救災活動於 2005 年 2 月 26 日由大野防衛廳長官宣布終止，所有的自衛隊並於 3 月 10 日開始撤離。在陸自、空自分別回國後，最後才是海自部隊於 3 月 26 日返回日本，結束整個南亞海嘯的救災活動。3 月 31 日，印尼外交部長 Hassan Wirajuda 致電日本外務大臣町村信孝，表示對日本參與救災活動的感謝之意[75]。

然而某報紙的專欄中卻寫者：「當大野竟然把自衛隊海外活動提昇為『原本任務』時，與他會談的印尼國防部長卻很不客氣地列舉

[74] 〈インドネシア・スマトラ島沖大規模地震及びインド洋津波に際しての国際緊急援助活動〉，http://www.clearing.mod.go.jp/hakusho_data/2005/2005/html/17415300.html (2007/5/29)

[75] "Indonesia Thanks Japan For sumatra Quake Support," *Antara*, 31 Mar 2005.

出日本自衛隊抵印的救災條件：其一是活動限為三個月，其二，如
要延期須得到印尼政府的同意，其三應在印尼政府協調下展開活
動。限制的意思顯而易見。[76]」

　　若是只看這種專欄，也許會以為這樣的限制是針對日本的，也
會誤以為日本的援助不受印尼歡迎。然而實際上在印尼國防部長宣
布這些限制後，印尼副總統 Jusuf Kalla 也在幾天後宣布任何在印尼
的外國部隊不准停留超過三個月，以及若這些外國部隊盡早離開印
尼，則印尼會更好[77]。而印尼政府之所以會加上這樣的限制，是一
種保護的必要手段。這是因為亞齊省的分離運動已經持續了三十
年，而許多印尼人也不相信政府所宣稱的理由（3 個月後印尼就
可以自己重建），他們反而認為是印尼軍隊想要再度控制亞齊省之
故[78]。

　　由此可見，若是僅只閱讀國內的報紙，不但不能或得真相還有
可能被誤導。以這點來看，筆者認為實在是有礙於雙方之間的瞭解。
若是拿本論文的主題來看，只閱讀該專欄的人士也許會真的認為日
本是企圖回復軍國主義也說不定。

　　然而綜觀這次救災活動雖然規模龐大，但是並沒有任何軍國主
義的性質存在。但它仍然帶有所謂政治目的。這當然不是說日本是
冷血無情的國家，從實際的成果來看，日本的的確確做出了與其經
濟大國相符的國際貢獻。中國社會科學院世界經濟與政治研究所的

---

[76] 〈日自衛隊海外活動引發的反應〉，《中國時報》，2005 年 1 月 15 日，A14 版。

[77] Jane Perlez, "Indonesia Orders Foreign Troops Providing Aid to Leave by March 26," *New York Times* (Late Edition, East Coast), 13 Jan 2005, A8.

[78] Raymond Bonner, "U.S. Calls Indonesia Deadline For Troop Pullout Reasonable," *New York Times* (Late Edition, East Coast), 14 Jan 2005, A8.

學者 Shen Jiru 表示，日本其實試圖讓自衛隊的海外派遣平常化，好讓國際社會能夠接受。而世界經濟與政治研究所副所長 Wang Yizhou 也表示是日本會如此大方地參與這次救災，不僅是出於人道考量，同時也希望這樣的努可以贏得對於加入常任理事國的支持[79]。

　　整體來說這樣的觀察與本論文的觀點相似。追求普通國家的日本，若可以使用自衛隊來參與國際性的救災工作，除了可以展現大國責任之外，同時也可以贏得國際社會的認同。所以每當發生地震或其他災難時，若災情不嚴重則派遣空自的 C-130 運輸醫療與衛生人員前往救助，而若受災規模龐大時，則派遣海上自衛隊前往支援。故海上自衛隊的國際貢獻活動，其實並沒有任何要征服他國的軍事目的，而僅僅是日本總體戰略下的一個使用工具而已。

二、俄羅斯潛艇救難任務

　　本次的救難任務雖然規模不大，而且在海上自衛隊趕到現場時救難任務也早已結束。不過，本次事件是海上自衛隊第一次為了援助俄國軍用潛艇而出動，所以別具意義。

　　2005 年 8 月 4 日，一艘十三公尺長的俄羅斯小型救難潛水艇 AS28 於勘察加半島海岸七十公里、水深 190 公尺處擱淺，而船上所剩餘的氧氣僅僅夠使用 24 小時而已。當時俄羅斯政府立刻向各國要求援助，包括了美國與英國等，而日本同時也接到來自俄羅斯的求援通知。防衛廳當下便決定派遣潛水艇救難母艦「千代田（ちよ

---

[79] Xiao Ding, "Politics surrounding the Tsunami," *Beijing Review* 48, no.8 (Feb 24 2005): 14.

だ）、掃海母艦「浦賀（うらが）」，以及兩艘掃海艇「弓削島（ゆげしま）」、「宇和島（うわじま）」一共四艘船艦組成救難隊前往救援。但由於距離的關係，防衛廳當時表示要抵達現場可能需要花上三、四天的時間[80]。

掃海艇弓削島號與宇和島號皆屬於排水量 500 噸的「宇和島級」，此級為海上自衛隊首艘能夠在中深度執行掃雷任務的掃海艇，在 1988 年到 1994 年間共建造了九艘[81]。另潛水艇救難母艦千代田號基準排水量為 3650 噸，搭載一艘深海救難艇（DSRV）。做為潛水艇母艦，船上除了搭載各種補給品之外，同時也可供應一艘潛水艇人員的修養與宿泊的設備。另外後方裝設有直昇級甲板[82]。從出動的船艦看來，沒有軍國主義的嫌疑。

在海上自衛隊抵達之前，該擱淺的潛水艇已經由英國的無人潛水艇救起，七名船員皆平安獲救[83]。雖然如此，俄羅斯國防部長仍然致電大野功統防衛廳長官表達感謝之意：「日本最初就採取了行動，對此我們將永遠不會忘記。」而俄羅斯太平洋艦隊司令官也對自衛艦隊司令官表示謝意，並且說「這都歸功於近年來俄羅斯太平洋艦隊與海自的防衛交流的信賴關係所賜」。2006 年 1 月，新任的

---

[80] "Japan Dispatches Rescue Fleet for Stranded Russian Submarine," *Jiji Press English News Service*, 5 Aug 2005.

[81] 〈掃海艇「うわじま」型〉,《世界の艦船 7 月号増刊：海上自衛隊 2006-2007》,661 期（2006 年 7 月）,頁 58。

[82] Ibid., 90.

[83] C.J. Chivers and Christopher Drew, "All 7 Men Alive as Russian Submarine Is Raised," *New York Times* (Late Edition, East Coast), 7 Aug 2005, A1.

額賀防衛廳長官訪問俄羅斯時，普亭總統也授與了救難派遣隊指揮官木下憲司一等海佐「俄羅斯聯邦名譽勳章」[84]。

　　總結來看，海上自衛隊的國際貢獻活動，或者有人稱之為海外派兵活動，多半是政治性目的大於軍事性目的。而這個政治性目的並非無頭蒼蠅，它主要的目的還是在贏得美國與國際社會的信任，而不是要侵略佔領其他國家的領土或是影響其他國家的政策。不論從意圖或是能力來看，海上自衛隊現階段都沒有必要走過去帝國海軍的路線。而目前為主從事國際貢獻的所有自衛隊員，都沒有發射過任何一顆子彈或是飛彈、砲彈，也沒有造成任何死傷，而本身也無任何隊員陣亡。以此來看，稱其軍國主義，似乎不太合適。

---

[84] 〈ロシア連邦カムチャッカ半島のロシア潜水艇事故に際しての国際緊急援助活動〉，http://www.clearing.mod.go.jp/hakusho_data/2006/2006/html/i5154000.html (2007/5/29)

第六章　未來與過去

　　在瞭解海上自衛隊自 1990 年以來的轉變後,我們接下來要探討在未來的發展中,有什麼樣的因素有利於這種轉變,又有何種因素是有害的?而在最後,我們將把海上自衛隊與二戰時帝國海軍作一番比較,比較一個基於文民統制的海自與軍國主義的帝國海軍有何差異?而海自是否有能力走回帝國海軍的道路呢?因此本章第一節講述有利之因素,第二節講述不利之因素,第三節則作海自與帝國海軍之比較。

第一節　有利之因素

　　本節探討的有利因素包括了防衛省升格、國際 PKO 與返恐任務仍有需要、有事法制的完成、中國與南北韓的威脅增加等四項。這些因素雖然都屬於外在環境,但也正因為外在環境才是日本是否能夠繼續走向普通國家、自衛隊是否能夠成為普通軍隊的關鍵,故有必要加以研究,否則就可能流於第三章所說的,只看單純的軍事轉變而不看整體的環境改變。

一、防衛省升格

　　日本防衛廳自 2007 年 1 月開始升格為防衛「省」，而防衛廳長官也升級為「防衛大臣」，與其他如外務大臣、財務大臣並列同樣等級。然而將防衛省升格的構想並非近年來的事情。早在 1963 年自民黨的總務會時，就計畫要將防衛廳提昇至防衛省。1964 年 4 月經過閣議決定後，本來打算要向國會提出該升格案，但由於池田勇人首相突然間病倒，所以該案最終還是沒有在國會提出審議[1]。

　　隨後，有關於省升格的議論便沈寂了一段時間，直到 1997 年橋本龍太郎內閣時的中央省廳改革時才又再度被提出來認真討論。當時的防衛廳列出了七項升格的理由，包括了設置專司防衛行政的防衛大臣、要以省得身分而非廳（Angecy）的地位與各國交流、使防衛廳能夠不透過內閣總理府處理事務等[2]。不過該案也因為顧慮到「給予其他國家日本正在增強其軍事能力的印象是不智之舉」，所以最終仍然無法順利通過[3]。

　　儘管如此，日本政府仍然沒有放棄。九年之後的 2006 年 6 月 9 日，關於省升格的法案在閣議通過。該次升格案主要有兩個重點，其中一個仍然與過去相同，把防衛廳長官升格為防衛大臣，第二個重點乃是把執行十幾年來的國際貢獻任務提昇為自衛隊的核心任務。而升格後的防衛大臣將不需透過內閣辦公室參與內閣會議以尋

---

[1] 福好昌治，〈「防衛省」昇格で自衛隊はどうかわるか〉，《丸》，60 卷 2 期（2007 年 2 月），頁 56。

[2] 福好昌治，〈「防衛省」昇格で自衛隊はどうかわるか〉，頁 57。

[3] Gwen Robison, "Hashimoto plan threatens bureaucrats' power bases," *Financial Times*, 18 Aug 1997, P3.

求如自衛隊的海上安全任務之批准[4]，同時也可向國會提出法案以及爭取預算[5]。而該法案於 2006 年 12 月通過後，便於 2007 年 1 月正式實施，自此防衛廳更名為防衛省。

該法其實涉及到兩個重點：「防衛廳長官」與「防衛大臣」之間的權限差別，以及把「國際和平合作活動」以及「周邊事態」這兩個任務提昇為自衛隊主要的任務。以第一個來說，過去防衛廳隸屬於內閣府之下，所以若是不通過內閣總理大臣（首相）的話，防衛廳是無法提出重要的工作，包括了與國家防衛有關的重要案件之閣議、法律的制訂與高級官員的人事案、向財務大臣要求預算與執行等[6]。但如果升格為省後，則可直接爭取預算與參加閣議。

不過，上述的狀況只是手續與效率上的問題，比較重要的則是若是以防衛廳的身分繼續參與國際事務，則會帶來相當大的障礙。而若是使用防衛省的名稱，可以使與外國人的溝通更加順利。而過去由於對外交流多以美國為主，所以採用防衛廳這個名稱並不會趕到有障礙。但隨著與各國交流的增加，與日本防衛交流的國家數量也達到 18 國、33 年間也與 40 個國家舉行了高層次的協議[7]。這樣說明也許不夠清楚，舉例來說我國的國防部英文是 Ministry of National Defense、而英國則是 Ministry of Defence、美國稱為 Department of

[4]　"Japan Govt Adopts Legislation to Upgrade Defense Agency to Ministry," *Jiji Press English News Service*, 9 Jun 2006.

[5]　Norimitsu Onishi, "Japanese Lawmakers Pass Two Laws That Shift the Nation Away From Its Postwar Pacifism," *New York Times* (Late Edition, East Coast), 16 Dec 2006, A10.

[6]　福好昌治，〈「防衛省」昇格で自衛隊はどうかわるか〉，頁 58。

[7]　福好昌治，〈「防衛省」昇格で自衛隊はどうかわるか〉，頁 59.

Defense、加拿大稱為 Department of National Defence。不管怎麼說，都是 Ministry 或是 Department 等用法。

然而過去日本在翻譯上採用的是 Defense Agency，而不管怎樣 Agency 都是比 Ministry 還要小的行政單位。所以當不暸解日本過去歷史的人聽到來自 Defense "Agency"的人員，多少會懷疑其權限的大小。尤其是當對方是 "Ministry" 等級的代表時，而日方卻只有 "Agency" 等級的人與之會談，必定會感到相當訝異。故在升格為防衛省（Ministry of Defense）後，就能與外國代表作平等的交流與互動。

接下來則是把「國際和平合作活動」以及「周邊事態」等事件，列為自衛隊的主要活動之一。在過去的自衛隊法第三條中規定了自衛隊的主要任務為「為了保護我國（日本）的和平與獨立，維持我國的安全，（自衛隊）以防衛我國抵抗直接侵略與間接侵略最為主要任務[8]。」而本次伴隨防衛省升格，也同時增加了自衛隊法第三條第二項，包括了「國際合作」與「周邊事態」都成為自衛隊的主要任務[9]。另外像是以伊拉克人道復興、反恐特別措施法為基礎的國際活動，則列在自衛隊法「付則」當中，並規定其活動等同於第三條第二項。這兩個法律之所以列在付則上，主要是因為屬於「時限立法」的緣故。另外在負責審議國家安全事項的「安全保障會議」內，也透過修改「安全保障會議設置法」增加了審議周邊事態以及國際合作的機能[10]。

---

[8] 自衛隊法第三條，見 http://www.houko.com/00/01/S29/165.HTM#s1 (2007/5/28)
[9] http://www.houko.com/00/01/S29/165.HTM#s1 (2007/5/28)
[10] 福好昌治，〈「防衛省」昇格で自衛隊はどうかわるか〉，頁 59。

　　省升格的活動並沒有成為國會內爭論點，反對運動也幾乎沒有發生[11]，而這與十幾年前 PKO 法案審理的過程相距甚遠。因此我們也許可以認為經過前面第四、第五章提及的相關國防事件後，日本人開始改變過去的思維，不再認為防衛議題是個禁忌。因此這種社會思潮對自衛隊、或者說海上自衛隊來說，是一個執行國土防衛與國際貢獻的有利環境因素。而把國際貢獻提昇為自衛隊本來任務，以及改名為防衛省等措施，都有利於海自執行國際貢獻與國際交流活動。

二、PKO 需求未減

　　雖然目前的世界似乎不再有爆發世界大戰的動機，但與此相較，小規模的暴力活動仍然存在。而事實上，在 1990 年代的亞洲遭受到比其他大陸更多的暴力衝突，研究亞洲安全的專家注意到存在於印尼、斐濟等地的潛在種族與社區暴力（communal violence）會造成複雜的人權危機[12]。所以這便替自衛隊參與 PKO 活動種下了契機，也就是在這些地區仍有武裝衝突或是暴力時，自衛隊參與 PKO 的機會便會增加。

　　以印尼亞齊省來看，雖然在 2004 年底的大海嘯之後當地的獨立派與中央政府戰時達成全力救災的協議，但未來的發展仍然不可知。亞齊省位於印尼的西北方，該省的人民長期不滿印尼中央政府

---

[11] 福好昌治，〈「防衛省」昇格で自衛隊はどうかわるか〉，頁 59。。
[12] Stephen John Stedman, "Peacekeeping and the U.S.-Japan Alliance." In *Reinventing the Alliance*, ed. G. John Ikenberry and Takeshi Inoguchi (New York: PALGRAVE MACMILLAN, 2003), 216.

壓榨當地資源，如天然氣與木材。當雅加達政府有效底使用軍隊支配該省後，武裝反叛活動在 1980 年末升高。而政府也派遣數千名部隊去鎮壓叛軍與其支持者。在經歷過海嘯之後，雙方同意各自讓步。政府當局同意撤出在亞齊的軍隊，叛軍也放棄長期追求的獨立運動，轉而追求較大的自治權與特赦。據估計有 1000~3000 名動亂者同意停止軍事行動[13]。

　　然而即使是如此，雙方仍然小心翼翼地觀察著對方。印尼軍方懷疑叛軍所宣稱的解除武裝活動是否已經確實執行，而叛軍也拒絕在和平穩定之前交出 3000 名戰士的名單[14]。雖然雙方於 2005 年 8 月有簽署了和議，但也不能完全保證雙方就此罷兵。畢竟連中東和平問題都是走走停停、反覆不定。因此，在亞齊省的問題確實和平解決之前，我們不能完全否認聯合國都有可能為此執行 PKO 活動的可能性。

　　除了亞齊省之外，印尼另一個令人感到頭痛的區域就是巴布亞省（Papua）。印尼在荷蘭將該地交與聯合國後，於 1963 年宣稱擁有該地區主權。原本的計畫事先讓印尼統治該地到 1969 年後再由人民公投的方式決定是要回歸印尼或是成為獨立的主權國家。但印尼政府卻使用恐嚇的手段以確保該省不會脫離。該省擁有包括銅礦、金礦、銀礦以及天然氣在內的巨大天然資源。而該省最大的不滿在於印尼中央政府一直壓榨這些資源，但卻沒有對該省進行再投資。儘

---

[13] Patrick Barta and Raphael Pura, "Two Faces of Tsunami Recovery; Indonesia Mended Fences With Rebels, Sri Lanka Didn't," *Wall Street Journal* (Eastern edition), 21 Dec 2005, A14.

[14] Somini Sengupta and Seth Mydans, "Tsunami's Legacy: Extraordinary Giving and Unending Strife," *New York Times* (Late Edition, East Coast), A1.

管該省得天然資源豐富，但是實際上該省的健康與教育指數卻是在
33 個省分中最糟糕的[15]。

　　雖然在 2001 年 10 月時，中央政府有提出一個讓該省自治的提
案，並且還打算成立一個巴布亞人民大會（Papuan People's Assembly
（MRP）），但是對於該大會成員的選舉，也如同其他省分一樣由於
對中央政府根深蒂固的不信任感而失敗。到了 2005 年 8 月左右，中
央政府又走回過去的老路子，派遣軍隊到巴布亞省。若軍隊涉嫌詐
取資源以及侵害人權，則該舉動只會增加當地人的憤怒。而根據 2005
年 8 月澳洲雪梨大學和平與衝突研究中心（Centre for Peace and
Conflict Studies）所公布的觀察報告顯示，印尼軍隊的確涉入在巴布
亞省的種族屠殺[16]。

　　另外，所羅門群島也有武裝暴力的潛在性，該國自 2001 年的選
舉之後便爆發了動亂。2003 年以澳洲為首的 Regional Assistance
Mission to the Solomon Islands （RAMSI）開始擔任維和任務。最初
RAMSI 部隊達 2000 多人，但他們大多數於 2003 年底撤出。不過似
乎成效不彰，2006 年情勢又再度騷動，迫使澳洲再度派遣 220 名士
兵與 70 名警察前往支援 RAMSI，以防止進一步的暴力活動[17]。另
外，斐濟也於 2006 年 12 月發生政變。這些足以顯示東亞地區雖然
沒有大規模的國家對抗，但各國的內政問題的確有導致進一步武裝
暴力衝突的可能性。

---

[15] "Indonesia politics: Tension in Papua is diffused," *EIU ViewsWire* (New York), 15
Nov 2005.

[16] "Indonesia politics: Tension in Papua is diffused."

[17] "Solomon Islands politics: Rioting exposes anger at corruption," *EIU ViewsWire*
(New York), 21 Apr 2006.

　　另外根據日本內閣府所做的關於日本參與 PKO 的民意調查，在 1991 年僅有 45.5% 的人贊成參與，但是到了 2000 年贊成人數的比例已經升高到 79.5%，相對地回答反對的比例也從 37.9% 降到 8.6%[18]。由這一數據的變化也可以推測，對於 PKO 這種海外派遣任務，能夠接受的日本人也有逐漸增多的趨勢。

　　由上述可知，一旦東亞或是其他地區又發生了類似的暴力衝突，則自衛隊又有機會參與聯合國的 PKO 任務，或是其他難民救助之類的活動，自然地也有海自出場的機會。不過一個比較矛盾的地方在於，在這些發生動亂的地方也許會面臨更大的武裝抵抗風險，故勢必要採取比較高壓的方式去執行。而日本也必須要思考參與那些更高風險的任務[19]。單單就這一點而言，日本政府與人民是否已經做好心理準備更深入國際貢獻，至少目前為止還看不出來，除非修改憲法第九條，否則似乎難以實現。

三、有事法制之完成

　　如同第三章所提到的，日本在二戰結束之後放棄了所有與戰爭相關的法律基礎。比如說制訂於 1907 年的刑法，在第三章「關於外患之罪」中的第 83~86 條原本是與「通謀利敵」有關的條款，但由於戰後日本使用和平憲法之故，所以並沒有想定的「敵國」存在。也因此四項有關間諜罪的條款於 1947 年被消除[20]。

---

[18]　田所昌幸、城山英明，《国際機関と日本》（東京都：日本経済評論社，2004 年），頁 84。

[19]　Stephen John Stedman, "Peacekeeping and the U.S.-Japan Alliance." *Reinventing the Alliance*, 215.

[20]　梅田正己，《非戦の国が崩れゆく》（東京都：株式会社高文研，2004 年），頁 44。

　　另外，若是日本陷入戰爭狀態，則自衛隊就算擁有強大的武裝也因無法律基礎而法順利運作。比如說北朝鮮在福岡、中國在長崎登陸時，雖然想在熊本地區集結自衛隊的戰車，但也會被當地地主控告違規停車；或是試圖阻止敵軍前進時將橋樑炸毀，該執行者也會被警察所逮捕。除了日本之外，大致上國家會先製作一套有別於平時法的「有事法」，當領導人宣布「非常事態宣言」後，將會切換到「有事法」的狀態[21]。

　　在戰後這段時間，雖然防衛廳不斷地想要建構完整的有事法制，但都因為國民對戰爭的忌諱以及不瞭解，所以遲遲無法成形。1978年當時自衛隊的統合幕僚會議長栗栖弘臣發表了若是發生直接進攻的事態，由於自衛隊沒有完整的法律，所以為了應付緊急事態，自衛隊將不得不採取超出法規以外的活動。而這樣的發言也導致了栗栖統幕議長遭到罷免[22]。

　　就這樣經過數年的辯論之後，有事法制的審理在日本憂慮北朝鮮的攻擊不斷升高下終於2003年6月通過[23]。該次通過的法案普遍稱為「有事三法」，包括了：「武力攻擊事態法」、「安全保障會議法改正」、「自衛隊法改正」這三項新制訂的法案與修正法案。主要的差異可以見下圖。

　　一般來說這些法案改正了自衛隊動員的條件。在過去的法制下，能夠動員自衛隊的情況只有在遭受到直接的「武力攻擊」以及

[21] 黑井文太郎，〈有事法・周辺事態法は戦争準備の法律か？〉，《宝島別冊Real：自衛隊の『戦争』解禁》，23期（2001年11月），頁224。
[22] 佐道明広，《戦後政治と自衛隊》（東京都：吉川弘文館，2005年），頁132。
[23] Howard W. French, "Japan Adopts Laws Strengthening Military Powers," *New York Times* (Late Edition, East Coast), 7 Jun 2003, A6.

「可能被攻擊」的情況。而有事法制成立之後則又多了一項「預測
將有武力攻擊」的事態。而「預測」與「可能會發生」的差異在於，
後者的情況是某個國家已經明確表示要攻擊日本並開始集結部隊，
而前者則是某國雖然沒有明確表示要攻擊日本，但已經開始召集預
備役、構築新的軍事設施等活動[24]。

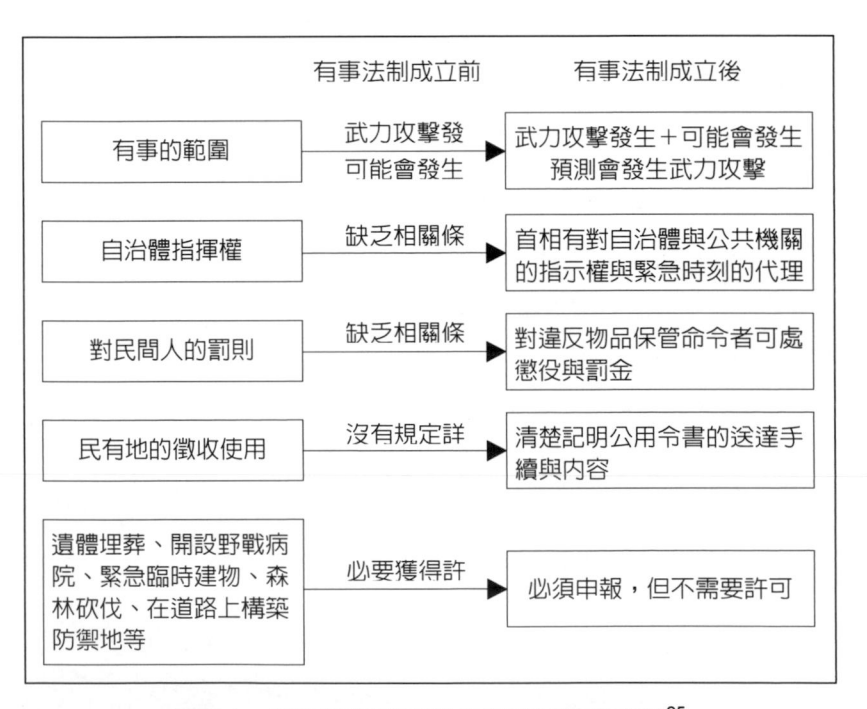

圖 6-1　有事法制成立後自衛隊活動的改變[25]

---

[24]　谷道健太，〈有事法制と自衛隊の戰時体制〉，《別冊宝島：図説自衛隊・対
北朝鮮軍事シミュレーション》，806 期（2003 年 7 月），頁 54-55。
[25]　谷道健太，〈有事法制と自衛隊の戰時体制〉，頁 55。

　　針對法制成立前後的差異，以下做些說明。比如說在自衛隊出動時，過去由於缺乏相關體制，所以在戰時部隊移動時，緊急出動的戰車是否也要停下來等紅綠燈？而海上自衛隊也有在夜間入港時的限制，而有時道路或橋樑被敵人毀壞，必須要採取緊急措施之時，也會受到道路法所規定而不能隨意處理[26]。另外在戰時必須的活動如：陣地構築、野戰醫院設立等活動，若缺乏有事法制，則必須依照平時的處理方式，也就是說必須要先跟主管機關申請獲准後才可構築陣地。而很明顯的，這樣根本不符合現實的情況。

　　故簡單的說，有事法制只是確保自衛隊能夠在進入戰爭狀態時有效地發揮應戰能力的相關法律而已。有了這樣的法制之後，海上自衛隊在進行國土、領海防衛之時，將不會受海岸法、河川法、港灣法等與海洋利用有關的法律制約，能夠更圓滑、更有效率地執行任務。

　　不過日本的左翼政黨或是中國、南韓方面卻偏好解釋成為「為戰爭作準備」。當時日本在野黨社會黨的黨主席土井多賀子（土井たか子）就表示執政黨的目的在於為日本做戰爭的準備[27]；南韓當時的執政黨也在其官方網站表達抗議，認為日本應當被譴責，因為他在不但不為過去歷史道歉，又要引起鄰國的不滿[28]。平心而論，這種譴責都是過於情緒性、缺乏較寬闊視野的看法。正如第三章所提到的一樣，這只不過是一個恢復普通國家的過程而已。試想有那個法制完善的國家不會為自己制訂戰時的一套戰時規範呢？有事法不

---

[26] 梅田正己，《非戦の国が崩れゆく》，頁 60-61。

[27] Kristi Heim, "Japanese Lawmakers Pass Historic 'War Contingency Bills'," *Knight Ridder Tribune Business News*, 16 May 2003.

[28] French, "Japan Adopts Laws Strengthening Military Powers," A6.

是「為了」戰爭而準備，而是為了確保真正發生戰爭時，能夠保衛國家安全做準備。

值得一提的是，有事法制在參議院以 202 票贊成、32 票反對下通過，顯現了超過九成的支持率[29]。而朝日新聞所做的民調也顯示在日本 47 個縣長中有超過八成的人支持該法案[30]。此項趨勢似乎顯示，日本比過去更能接受本土防衛相關議題與法案。雖然在關於海外派遣與修憲仍然有些爭議，但至少在防衛日本這樣的認知上，確實是個比過去還要有利的環境。

第二節　不利之因素

本節論述在未來對海上自衛隊不利的因素，包括了修憲議題，以及伴隨而來對海自從事國際貢獻時的限制等。

一、憲法改正問題

日本和平憲法成立至今也已有六十年之久，然而該憲法仍然沒有被修正。雖然近幾年來自民黨大有推行修憲的氣勢，但其是否能夠完成此一任務，則還有待觀察。而只要此一憲法沒有被修正，至少在根本上來說對海上自衛隊要執行周邊有事時的國土防衛，或是想在 PKO 上扮演更多角色，都充滿著重重障礙。

---

[29] 梅田正己，《非戦の国が崩れゆく》，頁 34。
[30] Heim, "Japanese Lawmakers Pass Historic 'War Contingency Bills'."

　　從 1990 年至今，日本雖然在憲法「之外」的地方做了許多修正以及訂立新法。前者如修改自衛隊法，後者如反恐特別措施法、伊拉克人道復興法等，然而在根本的憲法問題沒有解決之前，這些都只能算是一種「補破網」的行為而已。

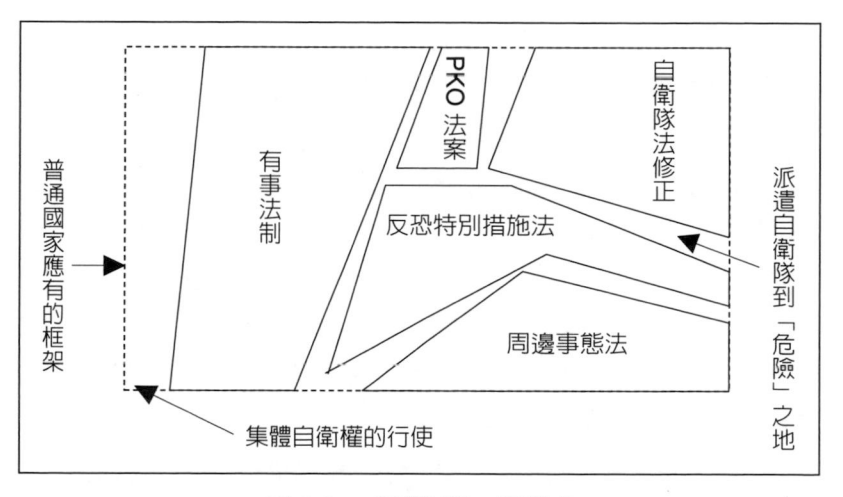

普通國家應有的框架

有事法制

PKO 法案

反恐特別措施法

周邊事態法

自衛隊法修正

派遣自衛隊到「危險」之地

集體自衛權的行使

圖 6-2　「補破網」的概念

製圖者：趙翊達（2007/6/6）

　　所謂補破網的的概念，如上圖所示。虛線部分代表了一個普通國家應該有的框架，而實線部分則代表日本利用立法或是使用釋憲的方式加以補足拼湊的部分。然而，就算事再怎麼補足也還是有地方無法被完整地涵蓋。比如說集體自衛權的行使以及自衛隊不能被派往危險之地。因此，我們可以認為若是不修改根本的憲法，繼續利用這種補破網的方式的話，則再過不久將會達到其效用的極限。

　　冷戰結束以及 911 事件以來，日本其實已經達到相當程度的軍事法制之整備。然而，仍然有兩個地方無法加以滿足：第一乃是缺乏能夠使海外派兵更加順利的「永久法」，第二、若是不變更目前對集體自衛權的憲法解釋（擁有但不可使用），則在進行國際貢獻時，對於武器的使用仍然充滿著限制[31]。

　　關於第一點，「反恐特別措施法」以及「伊拉克人道復興支援法」都是屬於限時性的立法。這種立法一開始會設定實施年限，等到期了之後再經由國會審議決定是否要繼續延長。而且這些法案都是因應世界情勢才制訂的，如反恐特別措施法是在 911 後，而伊拉克人道復興支援法則是配合第二次波灣戰爭後的重建，它們都不是一種「常態」的永久法。也就是說往後要是有什麼重大的國際事件發生，日本就算要派遣自衛隊參與美國活動，則至少要先經過國會的立法階段才行。這一點確實限制了日本的反應能力。至於第二點則留在後面討論。

　　另外，憲法禁止的集體自衛權也同樣阻礙日本的國土防衛，主要是在周邊有事之時。如果不是日本本土遭受攻擊，而是日本周邊地區，則自衛隊自然無法參戰，只能提供所謂的後方支援。但如先前所討論的一樣，若是周邊陷入了戰爭狀態，就算自衛隊想要出動去救助被擊落的飛行員，則也有可能因為該地區是「交戰地區」所以無法前往。所以就算事日本擁有先進的神盾系統，就算他與美國海軍一起航行，但是若美國海軍遭受到敵機的攻擊時，神盾艦仍然只能在旁邊觀看，因為日本沒有集體自衛權。

---

[31] 愛敬浩二，《改憲問題》（東京都：筑摩書房，2006 年），頁 93。

　　但是修改憲法並不是政府說了算，而是需要考量民意的基礎。一個有趣的現象是日本自 90 年代後修憲的意識急速升高，民調也呈現過半數的情況，故讓人產生日本放棄和平憲法之路已經不遠。然而近幾年的民調卻顯現出另一番風味。先來看看讀賣新聞 2006 與 2007 年所做的民調。2006 年讀賣新聞的民調顯示有 56%的人贊成修改憲法，32%的人反對修改，而自 1998 年到 2006 年之間贊成修憲的一方均超過 50%以上[32]。然而到了 2007 年的民調卻急轉直下，贊成者下降至 46%，形成連續三年減少的情況。相反地，反對者則上升到 39%[33]。

　　然而並不只是讀賣新聞如此。同樣的修憲問題，朝日新聞 2006 年的民調結果，認為「有必要修正」的人數比 2005 年降低了一個百分點，為 55%。同樣 NHK 的民調也比 2005 年降低了 6 個百分點，為 42%。另外雖然每日新聞的民調的贊成修憲人數達到 65%，但因為其問卷的方式有些許的改變，所以不能單純地拿來比較[34]。如由上述數據來看，修改憲法的風潮似乎有倒退的趨勢。這點對日本要走普通國家的道路，增添了些許的變數。不過，大體上來說贊成修憲的人數還是具有相對多數，因此實際的情況會如何還得多觀察個幾年才能下定論。

---

[32]　〈改憲賛成が 9 年連続で過半数、「自衛組織」明記 71％〉，《讀賣新聞網路版》，2006 年 4 月 3 日。http://www.yomiuri.co.jp/feature/fe6100/news/20060403it11.htm (2007/5/28)

[33]　〈憲法「改正」賛成 46％、3 年連続で減少…読売調査〉，《讀賣新聞網路版》，2007 年 4 月 5 日。http://www.yomiuri.co.jp/feature/fe6100/news/20070405it11.htm (2007/5/28)

[34]　長谷川千秋，〈マスコミの憲法世論調査の読み方〉。http://homepage2.nifty.com/hikaku-kyoto/seron.html (2007/5/28)

　　話雖如此，還是可以從這些民調中看出些許新發現。以「修憲」來說，他並不是把整個憲法廢棄後重新制訂，而是針對有必要修改的部分加以修正而已。所以我們在看「修憲」時千萬不能把他當整體來看，應該注意其修憲的內容為何。我們首先比較讀賣新聞以及朝日新聞 2006 的民調中「集體自衛權」的相關數據。

　　在讀賣新問的民調中，贊成改正憲法使集體自衛權可以行使的佔 26.9%，主張採用釋憲方式使集體自衛權可以行使佔 22.7%，主張維持現狀不使用的佔 43.5%。而在朝日新聞中，贊成維持不使用的立場佔 53%，贊成使之可以使用佔 36%[35]。從這數據來看，我們可以發現讀賣新聞的民調中贊成行使集體自衛權者雖然略勝一籌（26.9＋22.7），但是有一半主張採用釋憲的方式。而朝日新聞的民調則是贊成不使用者具有過半數優勢。由此可見，關於集體自衛權的行使，仍然沒有明確的主流共識存在。

　　其次則是關於憲法是否應該明確記載自衛隊的存在之問題。我們知道日本憲法一直沒有對自衛隊的存在做明確的表示，所以才會有一堆「自衛隊違憲論」的存在。而 2006 年讀賣、每日、朝日新聞都有對這一點做民調。以下分別列出該民調數字[36]：

- 讀賣新聞：你認為還是不認為自衛隊的存在應該在憲法上明確記載嗎？

  認為：46.8%

  硬要說的話，認為：24.4%

  硬要說的話，不認為：11.4%

---

[35] 長谷川千秋，〈マスコミの憲法世論調査の読み方〉。
[36] 長谷川千秋，〈マスコミの憲法世論調査の読み方〉。

不認為：11.3%

未回答：6.1%

● 朝日新聞：你是否認為改正憲法、將自衛隊明確記載是必要的？

有必要明確地記載：62%

沒有那個必：28%

其他、未回答：10%

● 每日新聞：對於在自民黨的新憲法草案中，清楚記載「自衛軍」的保有一事，你怎麼認為？

適當：17%

應該維持現在「自衛隊」的名稱：36%

應該以「國防軍」之類的名稱清楚記載：13%

不應該清楚記載戰力的保有：23%

　　我們可以發現，三份民調都顯示一個現象：大多數人認為可以在憲法上明確記載自衛隊的存在。以這一點來說，日本民眾似乎普遍比過去更能接受自衛隊的存在。這也許是過去數十年來所發生的防衛議題對日本民眾的影響，使得過去大家視為禁忌的防衛議題如今可以大方地談論，而自衛隊也不再是不該存在的組織。然而，對於集體自衛權的使用、或是憲法第九條的改定等牽涉到與他國相關的部分，日本民眾是否能欣然接受這樣的改變則有待觀察。所以這點也是自衛隊在未來是否能夠正常執行國際貢獻以及周邊有事時的重點。

二、國際貢獻的限制

對於國際貢獻的限制，可以分成兩點來看。第一點著重於法律與民意之間，第二點則著重於自衛隊本身的能量是否能同時支援國內防禦以及國際貢獻所需的人力與物力。

1、法律與民意

自 1992 年起日本執行國際貢獻也有十五個年頭之久，可說是目前日本外交上的一大重要項目之一。然而，以自衛隊為主的國際貢獻任務雖然也執行了許久，但其仍然面臨許多困難。其中以集體自衛權以及武器使用問題最為關鍵。集體自衛權在之前的章節就已經討論過，所以這裡只描述武器使用的限制。

至少在 2006 年之前，自衛隊在海外派遣時使用武器的條件除了「正當防衛」或是「緊急避難」之外，也採用了自衛隊法 95 條（為了保護武器而使用武器）的規定。該條款是當警備自衛隊的武器、彈藥、火藥、船舶、飛機、車輛等各種設備時，為了防衛人員以及該武器設備得以使用武器。然而即使如此對於武器使用的規定仍然不完整。如果自衛隊不能夠對以力量防礙任務執行的人或者是不服從停止命令的可疑份子進行「威嚇射擊」的話，也許會發生不可挽回的嚴重後果[37]。

---

[37] 井上和彦，《国防の真実－こんなに強い自衛隊》，頁 176。

　　這是因為若是當地的恐怖份子或是武裝團體採取了超出了憲法、自衛隊法等範圍內的活動時,自衛隊將因為沒有法源基礎而無法有任何有效的對應方式。除了無法達成 PKO 的目的之外,也有可能造成無謂的死傷。因此,學者小濱裕久認為人道支援不應該是國際援助的主流,以日本現在的政治狀況下,他也反對 PKO 活動。當需要軍事壓制力量時,以 Srebrenica 大屠殺來說,在那個時刻以「以現場的指揮官的判斷」或者是「正當防衛的範圍內」等自衛隊使用武器的標準來看,即使是 PKO 這樣的軍事行動,自衛隊也無法使用武器。所以至少在日本政府在對集體自衛權的政策上沒有改變下,他認為日本不應該參加 PKO 活動[38]。

　　集體自衛權與對日本來說似乎是一個雙面刃。一方面在取得集體自衛權之後,日本可以大方地在 PKO 任務上掩護或支援他國的軍事部隊、也可以與美軍一起在周邊有事之時共同進行軍事行動。從這方面來看的確是能大幅改善日本當前的窘境。然而,取得集體自衛權後也意味日本將負擔比以往更大的國際貢獻風險。在過去,日本執行國際貢獻數十年來並沒有任何自衛隊陣亡。不過一旦日本要更深入地參與國際貢獻,尤其是參與軍事相關的任務時,日本民眾是否有接受「傷亡」的心理準備,則不得而知。

　　自衛隊在國際貢獻上不曾有任何傷亡,雖然是值得驕傲與肯定的事情,但是這有部分原因是「自衛隊不能派往危險的戰地」的限制。也因此若要修改憲法取得集體自衛權,或是給予

---

[38] 小浜裕久,《日本の国際貢献》(東京都:勁草書房,2005 年),頁 265。

派往戰地的許可，則自衛隊將要承受的傷亡風險必然增大。從這點來看，未來自衛隊是否能跟普通國家的軍隊一樣自如地參與軍事相關國際貢獻，除了取決於法條之外，也取決於日本民眾的心理。法條方面也許可以靠執政聯盟在政治上的操作獲得改善，但是最終仍須取決日本民意是否能意識到「參與國際性軍事活動」的「傷亡」，本來就是一種常態。從前面舉出的民調來看，民意對於集體自衛權的認識，似乎仍不足以支持這樣的觀點。

2、自衛隊之能力

近年來自衛隊海外出兵機會增大，造成一些比較敏感的人困擾。然而，有個事實擺在眼前，就是自衛隊派遣到海外的部隊不是特別去招募，而是從現有國內部隊抽掉出來支援的。而就算是抽掉了國內部隊，自衛隊也未曾因此大量募兵。因此這便產生了國內防衛人力減少的危險性。

基本上，自衛隊員派遣的時間為三個月到半年之間，首先若是為期一年的海外派遣，則必須至少要維持派遣人數三到四倍的隊員[39]。這是因為若每三個月為一個梯次，則一年內要準備四個梯次的人數去執行任務。雖然一次派遣的只有一個梯次，但是下個梯次的人員不可能不在行前接受訓練，所以他們必須要離開他們自己的工作崗位上接受新的訓練，這自然造成人手上的不足。

---

[39] 高貫布士等，《自衛隊》（東京都：ナツメ社，2004年），頁114。

　　比如說以陸上自衛隊來看，會因為人手不足而造成無法維持日常的演習、訓練。當然也會造成對國內的災害出動以及有事體制造成相當大的影響。本來應該是以增加編制上的人員去追加國際貢獻、派遣所需的人手，然而礙於財務省並不同意增加預算而無法解決這樣的問題。另外在海上自衛隊方面也有同樣的問題，當初派遣掃雷部隊前往波斯灣時，被派遣的掃雷艇其實有缺額，於是便從其他掃雷艇抽調人員加以補足，而被抽調的掃雷艇也就陷入人手不足的狀態。而印度洋的補給艦派遣也是一樣，由於補給艦數量不足（2001 年日本僅僅有 4 艘補給艦），所以也發生了同一艘補給艦必須在一年內被派遣兩次的需求[40]。

　　雖然說船艦或飛機可以從生產線上獲得，但是人才的確保就沒那麼容易了。2006 年公布的防衛白皮書顯示，自衛隊至今仍然沒有達到滿編的數量。

表 6-1　自衛隊的定額與現役人數[41]

	陸上自衛隊	海上自衛隊	航空自衛隊	統合幕僚監部	合　計
定額人數	156,122	45,806	47,332	2,322	251,582
現役人數	148,302	44,528	45,913	2,069	240,812
充足率（%）	95.0	97.2	97.0	89.1	95.7

---

[40] 高貫布士等，《自衛隊》，頁 114。
[41] 〈自衛官の定員及び現員〉，http://www.mod.go.jp/j/defense/mod-sdf/kousei/index.html (2007/5/28)

　　然而招募新隊員也是具有一定的困難度。原本預定於 2007 年從高中畢業生中招收 120 名「二等陸海空士（相當於二等兵）」的「廣島地方合作本部」，在經過 2006 年 9 月、12 月、2007 年 1 月的招募測驗後，原本已經招收到 150 名預定人員卻因為考慮到有人會因為進入民間企業後放棄進入自衛隊，所以只好破例進行第四次的招募活動。另外，招募人數與與兩年前比較起來也減少了 36%，原因在於高中生們的家長認為「由於海外派遣是危險的，所以不希望（子女）進入自衛隊」[42]。

　　所以，日本經濟的復甦以及民眾對於海外派遣的危險性仍然是自衛隊要面臨的問題。不過換一個角度來說，像這樣面臨招募上的困難，自衛隊與過去的帝國海陸軍比起來，其軍國主義的象徵似乎減少了許多。

　　除了人員招募、能量的問題之外，自衛隊在面臨突發事件上也有反應能力上的問題，然而這並非自衛隊的問題，而是政府的問題。畢竟自衛隊是否能夠出動還是取決於政府的命令。

　　以在第五章曾經提及的「俄羅斯潛艇就難事件」來看，8 月 5 日當天早上日本就接到來自俄羅斯的請求，而在外務省與防衛廳之間冗長的商議時，海上自衛隊司令官就已經先以「準備」的名義調動海自艦艇[43]，直到 8 月 5 日晚間七點過後政府才正式下令出動。不過雖然日本是距離是發現場最近、也是最早出動的國家，但因為在裝備上不能與英美兩國比較（以運輸機搭載無人救難潛水艇，速度較快），所以最終還是由英國率先抵達現場。

---

[42] 〈好景気と海外派遣で高卒自衛官採用大苦戦〉,《J-CAST ニュース》，2007 年 03 月 03 日。http://news.livedoor.com/article/detail/3056851/ (2007/5/28)

[43] 小浜裕久,《日本の国際貢献》，頁 274。

關於這件事，海自如此回答：「（海自）與在海外具有基地，平常就使用空中運輸的英美軍不一樣，只在日本近海活動的海自沒有使用航空機運送救難艇的必要。」也就是強調這次乃是「想定外」的事件。另外也有軍事評論家小川和久提出以下的意見：「作為一個擁有十六隻潛艇的國家，以及從事國際貢獻的國家，應該以這次事件為教訓立即確保能夠以空中輸送的方式運輸無人潛水艇[44]。」

小濱裕久認為，關於自衛艦隊司令官在政府下達出動前先以「準備」的名目調動艦艇這件事情上是因為制度上的不完善，所以政府的責任高於海上自衛隊。雖說該「國際貢獻」也許是屬於「想定外」，但是如果不立刻改變制度與使用原則的話，則可以說是「政府的怠慢」[45]。從這事件來看，若自衛艦隊司令官沒有事先動員艦艇而繼續等待命令，則出動的時間將會拖的更晚，也不利於國際上的形象。所以日本政府似乎在突發狀況的反應上，顯得有點緩慢以及小心翼翼。也許有人又要說海自事先動員是軍隊不服從政府的例子，是軍國主義復甦的前兆，但實際上這只是關於救難上的應急方式而已，與軍國主義似乎較無關係。

---

[44] 小浜裕久，《日本の国際貢献》，頁 274。
[45] 小浜裕久，《日本の国際貢献》，頁 275。

第三節　新海自與舊海軍

本小節將比較舊日本帝國海軍與海上自衛隊之間的差異。當然這兩個組織在硬體上的差異南轅北轍，所以比較的重點不在於武器裝備上。這裡要比較的重點在於兩個軍事組織與政治上的關係有何不同？比較舊海軍與新海自的政治地位，我們將可以檢視海上自衛隊是否具有軍國主義的特性：軍事凌駕於政治之上。

一、軍人參政的差異

海上自衛隊與舊帝國海軍的一項明顯差異就是，帝國海軍的軍人可以在仍然保持現役的身份下成為內閣總理大臣，也就是所謂的首相。而海上自衛隊則沒有這樣的情況，我們可以發現戰後沒有任何一位首相具備現役自衛官的身份。而這一點也可以證明在戰後，日本的「軍人」們，從來不能影響政治。

首先在日本實行內閣制之後到 1945 年戰敗為止，一共經歷了44 任的內閣，而其中就有 20 任的內閣總理大臣具有軍人的，身份包括 13 任為陸軍系統、7 任為海軍系統[46]。而若以人數來看，20 任內閣共由 14 名軍人擔當，其中 7 人為陸軍，6 人為海軍[47]。

基本上這些軍人首相依照其是否為現役軍人，可以分為兩類：若是現役者，則稱為「第一種軍人首相內閣」；而若非現役者，則稱為「第二種軍人首相內閣」。學者永井和認為，第一種類型的軍人首

---

[46] 永井和，《近代日本の軍部と政治》（京都市：思文閣，1993 年），頁 26。
[47] 熊谷直，《帝国陸海軍の基礎知識》（東京都：光人社，2007 年），頁 41。

相內閣一方面為「軍部的代表者」的同時，也被認為是「擁有對軍部的統治力之強力首相」或是「掌握政務與軍務兩方之存在」。而一般來說，這種內閣會把軍部的意志反映在國政上，與其他內閣相較，也較具有軍國主義的特性。而「日俄戰爭」與「太平洋戰爭」正是在這種內閣下進行的，該內閣也不能稱之為「文民政府（civilian government）」[48]。

所以，若從這種觀點來看，戰後日本的軍事組織不像戰前那樣可以擔任首相以及內閣官員。這是因為戰後的日本新憲法第六十六條規定，「首相以及其他國務大臣必須是市民的身份」[49]，所以這也明確地限制了以軍人身份參政的機會。另外就算事自民黨提出的新憲法草案，對於 66 條也是幾乎原封不動地保留下來[50]。從這個角度來看，自民黨似乎沒有要恢復當時軍人內閣的企圖，而更不能說他們有企圖恢復軍國主義的想法。

因此雙方在各自的政治系統下之地位，可說是相當不同：舊海軍人員有機會擔任內閣的成員如：海軍相，甚至可以當上首相；而海自人員只要保有軍職身份，就不能擔任內閣的成員（防衛大臣為文官），更別說是首相了。在這樣的體制下，能干涉政治的機會就相對地小多了。

---

[48] 永井和，《近代日本の軍部と政治》，頁 37。

[49] 「日本国憲法第 66 条」，http://www.ndl.go.jp/constitution/etc/j01.html#s5 (2007/5/28)

[50] 自民黨新憲草案與現有憲法第六十六條的比較，可參閱：http://www.cc.matsuyama-u.ac.jp/~tamura/jiminkaikenann.htm#s05 (2007/5/28)

表 6-2　軍人首相内閣一覽[51]

代	内閣名	在任其間	首相的身份
2	黑田清隆	1888.04.30 - 1888.12.25	現役非職
2	黑田清隆	1888.12.25 - 1889.10.25	預備役
3	山縣有朋	1889.12.24 - 1891.05.06	現役休職
9	山縣有朋	1898.11.08 - 1900.10.19	現役在職　元帥
11	桂太郎	1901.06.02 - 1906.01.07	現役休職
13	桂太郎	1908.07.14 - 1911.08.30	現役休職
15	桂太郎	1912.12.21 - 1913.02.20	後備役
16	山本權兵衛	1913.02.20 - 1916.04.16	現役休職
18	寺内政毅	1916.10.09 - 1918.09.29	現役在職　元帥
21	加藤友三郎	1922.06.21 - 1923.05.15	現役在職　兼任海相
21	加藤友三郎	1923.05.15 - 1923.09.02	現役休職
22	山本權兵衛	1923.09.02 - 1924.01.07	退役
27	田中義一	1927.04.20 - 1929.07.02	預備亦、後備役
31	齋藤實	1932.05.16 - 1934.07.08	退役
32	岡田啓介	1934.07.08 - 1936.03.09	後備役
34	林銑十郎	1937.02.02 - 1937.06.04	預備役
37	阿部信行	1939.08.30 - 1940.01.16	預備役
38	米内光政	1940.01.16 - 1940.07.22	預備役
41	東條英機	1941.07.22 - 1944.07.22	現役在職　兼任陸相
42	小磯國昭	1944.07.22 - 1945.04.17	預備役
43	鈴木貫太郎	1945.04.07 - 1945.08.17	退役
44	東久邇宮稔彦王	1945.08.17 - 1945.08.23	現役在職　兼任陸相
44	東久邇宮稔彦王	1945.08.23 - 1945.09.18	現役休職
44	東久邇宮稔彦王	1945.09.18 - 1945.10.09	預備役

---

[51] 該表修改自永井和，《近代日本の軍部と政治》，頁27。姓名上有網底者為海
　　軍出身人士。

　　另一方面也值得注意的現象就是所謂的「軍人官僚」。軍人官僚意指現役的軍官擔任如工商省、文部省等內的文官職務。觀看表6-4可以發現，軍人官僚的數量隨著戰爭爆發而增加。如果從傳統的解釋如「現役軍人不涉入政治之原則」或是「文武的嚴密區別」來看，像這樣把大量的軍官派遣到文官職務上，已經是一種「軍隊的政治介入」了[52]。而這種現象在當今日本幾乎很少存在，不太可能有「自衛官」跑到財務省、國土交通省去任職。所以若從這一點來看，自衛隊的政治介入能力相當地渺小。

表 6-3　軍人官僚數的年次變化[53]

時　　　間	人　　數	時　　　間	人　　數
1923.10.01	136	1934.01.01	173
1924.07.01	113	1935.01.01	194
1925.07.01	101	1936.01.01	221
1926.01.01	115	1937.01.01	267
1927.01.01	138	1938.01.01	348
1928.01.01	151	1939.01.20	485
1929.01.01	155	1940.0815	765
1930.01.01	154	1941.08.15	709
1931.01.01	157	1942.07.01	730
1932.01.01	153	1943.07.01	804
1933.01.01	154		

---

[52] 永井和，《近代日本の軍部と政治》，頁 228。
[53] 資料參照修改自　永井和，《近代日本の軍部と政治》，頁 183。

綜合以上的觀察，我們發現海上自衛隊不比當年帝國海軍那樣，擁有較高的政治參與能力。所以，海上自衛隊或是整個自衛隊要實行軍國主義的可能性並不大。而只要現在的民主體制仍然維持下去，在為來也不太可能走回所謂「軍國主義的老路子」。但不知為何現今許多人仍在只看的到「修改和平憲法」、「改自衛隊為自衛軍」、「海外派兵」等表面議題，並且以此為根據宣稱日本將要再度恢復軍國主義、要實現「政治大國的野心」。然而他們卻忽略了一件事：支撐目前日本與二戰時日本的政治基礎是完全不一樣的。

二、軍令與軍政之構造差異

第二點可以比較的差異在於兩個組織在軍政與軍令上之差異。日本在成立陸海軍後，軍隊的權力歸天皇所有，而天皇對軍事的權力有統帥大權與編制大權兩種。所謂統帥大權是為了演習或戰爭調動軍隊的權力，而「軍令」可以解釋為關於調動軍隊上天皇的命令。另一方面編制大權為制訂平時軍隊的大小與組織、薪水、服役規律、制服等事項的權力，而屬於這類的事務，可以稱為「軍政」[54]。更簡單的說，軍令就是關於部隊調動與運用的命令，軍政就是關於軍隊一般的行政事務。

一般來說，軍政與軍令應該要彼此之間相互配合，才能健全地組織一個軍隊。但是以日本當時的狀況來看並非如此，日本的軍政與軍令之間形成了一種不平衡的狀態。簡單的說就是，自 1893 年起，負責日本海軍軍令事務從隸屬於「海軍省」之下的「海軍參謀

---

[54] 熊谷直，《帝国陸海軍の基礎知識》，頁 39。

本部」轉移到直屬天皇之下，並改名為「海軍軍令部」。該海軍軍令
部是一個與陸軍參謀本部地位等同之獨立機關，直屬於天皇[55]。下
圖可以簡單地表達此種概念：

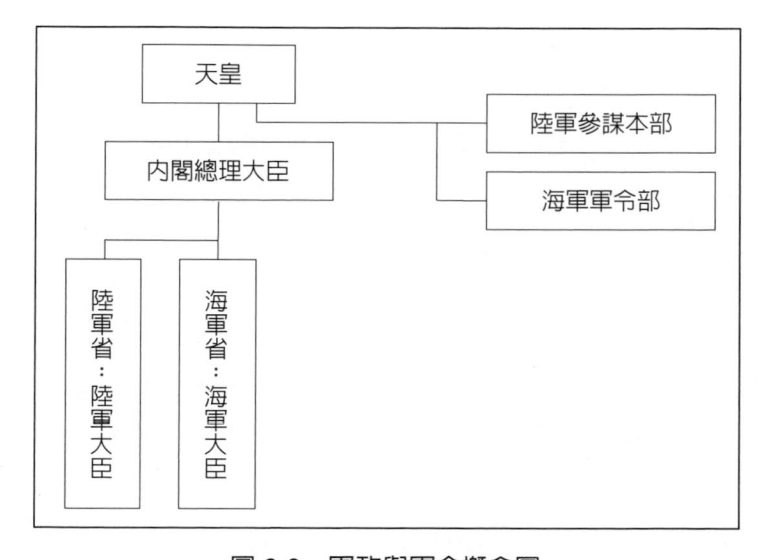

圖 6-3　軍政與軍令概念圖

製圖者：趙翊達（2007/5/4）

　　由該圖可以發現，關於部隊的調動、作戰等「軍令」相關的權
力掌握在陸軍參謀本部與海軍軍令部，而且還是直屬於天皇，而擔
當「軍政」的則是屬於內閣的海軍大臣與陸軍大臣。如此，軍令機
構脫離中央政府，直屬於天皇，將軍政與軍令分離，也就造成部隊

---

[55] 國防部史政編譯局，《戰前之大本營海軍部》，日軍對華作戰紀要叢書（國防
　　部史政編譯局，1990 年），頁 66。關於軍令部設立之前的海軍軍政、軍令變
　　革，可參考該書。

的運用權無法在政治之下受到制約。拿國家戰略的觀念來看，也就是等於把部隊的統帥權置於最高點。加上不論是陸軍參謀本部或是海軍軍令部，他們都不對國會或是內閣負責，而使以一種「上奏」的形式向天皇表達意見[56]。另外軍令的權限在戰爭時期下也會隨之擴大，比如說平時管理部隊編成的應該是屬於海軍大臣的工作，但是到了戰時為了執行作戰任務，反而成為軍令部長的工作[57]。

另外，軍令，也就是關於軍事的勒令只需要天皇親署、以及陸海軍大臣副署即可通過。但一般的勒令雖然不需要議會的同意但卻需要首相的副署。也就是說，軍令的制訂等於是陸海軍獲得了以新形式獨自設定法令的權限[58]。在這樣的情況下，文人首相或是國會根本無法確實地監督軍部的作為。拿在西園寺公望首相時期新採用的三份攻勢主義軍事戰略文書：「日本帝國的國防方針」、「國防所需兵力」、「帝國軍的用兵綱領」來說，儘管西園寺首相可以參與制訂會議，但是在「國防所需兵力」上僅准許內部閱覽而不能以進行政府審議，而「帝國軍的用兵綱領」更是連內部閱覽都不被允許[59]。

這種政治上的結構自然容易形成軍隊權力的擴大，加上先前說的軍人首相、軍人閣僚、官僚等情況，迫使日本沒有一個能夠制衡軍部的有效力量，最終造成軍部的專權，形成廣為人知的軍國主義。

那麼，日本在戰後的軍政、軍令構造又是如何呢？

---

[56] 纐纈厚，《文民統制－自衛隊はどこへいくのか》（東京都：岩波書店，2005年），頁10。

[57] 熊谷直，《帝国陸海軍の基礎知識》，頁42。

[58] 吉田裕，《日本の軍隊》（東京都：岩波書店，2003年），頁128。

[59] 吉田裕，《日本の軍隊》，頁129。

首先，原本擁有實權的天皇被虛位化，形成了一種象徵性的存在，因此掌握日本政治最高地位的變成了內閣總理大臣。而盟軍對日本戰後的改造是以「文民統制」為基礎。文民統制一詞為英文 civilian control 的漢字翻譯，中文相對應的翻譯為「文人領軍」或「文人統治」。但以下以仍日文漢字翻譯「文民統制」表示。

文民統制的定義直到今日仍然沒有一個固定的定義，但是可以解釋為「對軍隊擁有最高指揮與監督權力的，是經過民主手續所選出來、具有正當性的政治人物」[60]。也就是說軍隊的最高指揮應該是民選出來的領袖，不論是總統或是內閣首相。也因此，當今自衛隊也是服從於內閣總理大臣，而非天皇。這是第一點差異處。

第二點差異處在於，軍政與軍令之間的地位相同（這裡持續使用軍政與軍令這個名詞，主要就是要與過去作比較，事實上日本無名義上的軍隊，又何來軍政與軍令呢？）。這點必須分成兩個階段來說明。第一階段是「統合幕僚監部」成立之前的軍政軍令關係，第二階段則是「統合幕僚監部」成立之後的關係。

首先說明第一階段。在統合幕僚監部成立之前，軍政與軍令的關係均由防衛廳（2007 年以前的事件，以下均稱為防衛廳）之下的「內局」全權管理。該內局設有長官官房（秘書室）、防衛局、運用局、人事教育局、管理局等單位，負責一般的軍事業務以及部隊的調動。而內局更是擁有審查陸海空三自衛隊所提出的各種計畫之權力[61]，也就是說實質上內局的權力完全是高於各自衛隊。而更重要的是，內局成立之初，還有所謂「任用限制條款」，也就是具有軍事

---

[60] 中島信吾，《戰後日本の防衛政策》（東京都：慶応義塾大学出版会，2006年），頁 21。
[61] 中島信吾，《戰後日本の防衛政策》，頁 23。

身份者是不能任職於內局。這項條款雖然之後被廢棄，但是仍然形成一種不成文規定。也就是說防衛廳的中樞機構「內局」的官員，大多是以文官的職業官僚所組成。

關於防衛廳內局的權限可以由圖 6-4 來理解。自衛隊的指揮權為內閣總理大臣所有，而防衛廳長官則在內閣總理大臣的監督下，統籌自衛隊的業務。輔佐防衛廳長官的原本應該是防衛廳內局以及陸海空幕長以及統合幕僚會議議長，但由於防衛廳內局擁有軍政以及軍令（部隊的運用）的權力，所以即使是陸海空幕長的計畫、方案也要經由內局同意。加上三幕長只有執行以及監督部隊的權限，不能實際上下達命令(命令由防衛廳長官下達)，所以便成了一種「間接上的輔佐」。相反地，集軍令軍政大權於一身的內局則是實際上的輔佐。

不過這種情形在統合幕僚監部成立之後有所改變。統合幕僚會議設置於 2006 年 3 月 27 日，用以取代過去的「統合幕僚會議」。這項改變主要是為了加強三自衛隊之間的聯合作戰（日文漢字為統合運用）。過去負責自衛隊之間聯合作戰的組織為「統合幕僚會議」，然而該組織並沒有對各幕僚監部的指揮權。只有負責訂立與協調防衛警備計畫、以及輔佐防衛廳長官的權限，他無法對陸海空三個幕僚監部發出任何運用（作戰）上的命令。所以很容易造成在聯合作戰的時候，這四個幕僚監部各自提出自己的建言，無法達成聯合運用的目標。

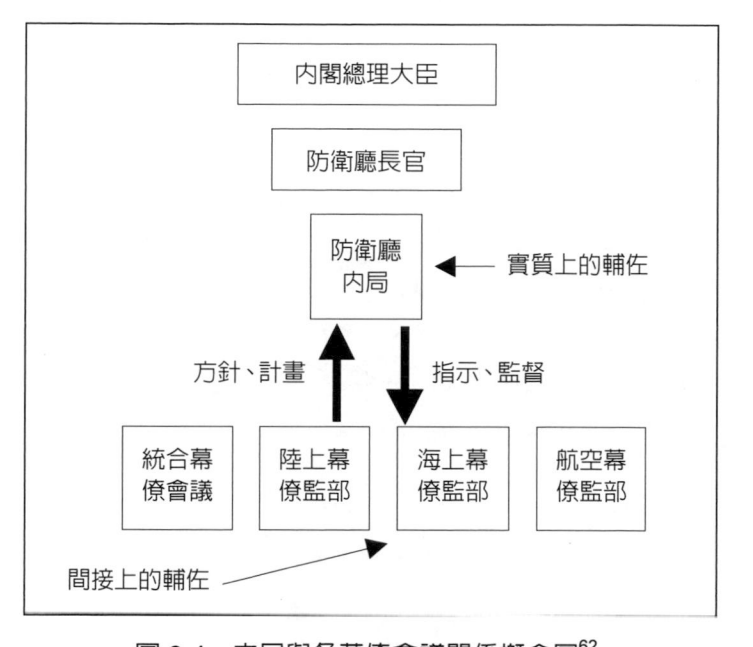

內閣總理大臣

防衛廳長官

防衛廳內局　←　實質上的輔佐

方針、計畫　指示、監督

統合幕僚會議　陸上幕僚監部　海上幕僚監部　航空幕僚監部

間接上的輔佐

圖 6-4　內局與各幕僚會議關係概念圖[62]

　　為了改善此一情況，以及統一陸海空幕僚監部的意見，2006 年 3 月 27 日起廢除統合幕僚會議，改設立新的「統合幕僚監部」。統合幕僚監部將過去分散於三幕僚監部的監督、執行權利統合起來，負責所有自衛隊的運用（作戰）。而三幕僚監部仍然保留人事、防衛力整備、教育訓練等機能[63]。實際上就是把過去多元的體系集中起來，有利於執行聯合作戰。而內局的地位則明顯地不如以往，因為

---

[62] 參考、修改自纐纈厚，《文民統制－自衛隊はどこへいくのか》，頁 3。此乃概念圖，並非正式上的組織圖。

[63] 2006 年防衛白書，http://www.clearing.mod.go.jp/hakusho_data/2006/2006/html/ i3132000.html (2007/5/15)

自衛隊現在可以不用透過內局，直接與防衛廳長官（防衛大臣）接觸，並且從軍事上的角度給予建議，如圖 6-5 所示一樣。

如此乍看之下，似乎軍政與軍令又再度被分開，位於平行的地位。然而事實上，軍方的地位雖然提昇了，他們不用再透過內局方能與上級溝通，但是統合幕僚監部仍然得必須得到防衛廳長官的命令後，才能調動自衛隊。這就像防衛廳長官若是沒有內閣總理大臣的允許，是無法自己宣佈「防衛出動」是一樣的。故統合幕僚監部仍然是扮演輔助長官的角色，而非統治自衛隊的角色，他只能建議長官、並且執行長官所決定的命令。

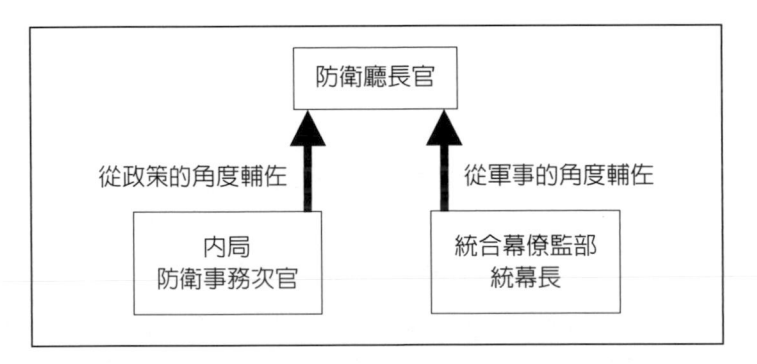

圖 6-5　修正後的內局與統合幕僚監部關係概念圖[64]

因此我們要比較的重點可以分成以下兩點：第一、若統合幕僚監部是負責軍令的角色，則他的地位與舊日本陸海軍的軍令組織有何差異？第二、同樣是負責軍政的組織：內局與過去的海軍省、陸軍省又有何差異？

---

[64]　參考、修改自纐纈厚，《文民統制－自衛隊はどこへいくのか》，頁 3。

　　首先，舊日本陸海軍的軍令組織是直屬於天皇，並不在內閣之下。而統合幕僚監部是隸屬於防衛省長官之下。而防衛省為內閣的一個部份，必須要對國會負責、受國會監督。光是透過這一點就可以明白統合幕僚監部的權力並不如軍令部或陸軍參謀本部來的高，所以也無法獨斷其事，也無法推行軍國主義。

　　第二、舊日本陸海軍省屬於內閣的一部份，而且自 1900 年起規定擔任陸軍或海軍大臣的人員必須是「現役的大將或中將」。1913年曾一度把「現役」擴大為「預備役、後備役」，但到了 1936 年則又改回必須是「現役」將官。這種軍人入主內閣成員的規定，造成了組閣時的障礙[65]。因為若是陸海軍不提出人選，則無法順利組閣。在這樣的情事下，很容易變成軍部干政的籌碼。相較之下，內局為防衛省下的一個組織，並沒有干政的能力。加上新憲法六十六條規定內閣成員必須是文人，所以防衛大臣也是由文人來擔任，自然也就不會發生干政的情況。

　　因此，從軍政與軍令結構上來看，舊海軍比海上自衛隊的權力來的更大。海上自衛隊的幹部最高也只能擔任到統合幕僚長這樣的職務，而舊海軍人員可以擔任內閣、可以擔任首相，並且還有直屬天皇的軍令部。而自衛隊軍政與軍令的構造也很平衡，不像戰時那樣軍令高於軍政的結構。這點差異是我們必須要瞭解、看清的事實。而不要老是在「自衛軍」、「和平憲法」上空打轉。

---

[65] 熊谷直，《帝国陸海軍の基礎知識》，頁 42。

三、人員與預算差異

　　本小段將比較海上自衛隊與帝國海軍之間的人數變化、以及自
衛隊與帝國陸海軍的預算。首先說明為何要比較雙方的人數。基本
上，海上武力除了需要船艦之外就是需要人力了，因此依照正常的
邏輯來看，僅擁有多數的艦艇但無足夠的人力操作，對於艦隊的規
模是一種限制。如果海上自衛隊走的是軍國主義復甦，則該組織的
人數應該是逐年上升，因為走軍國主義勢必要擴大艦隊的規模，也
勢必要增加人員才能同時維持海外與國內的軍事需求。

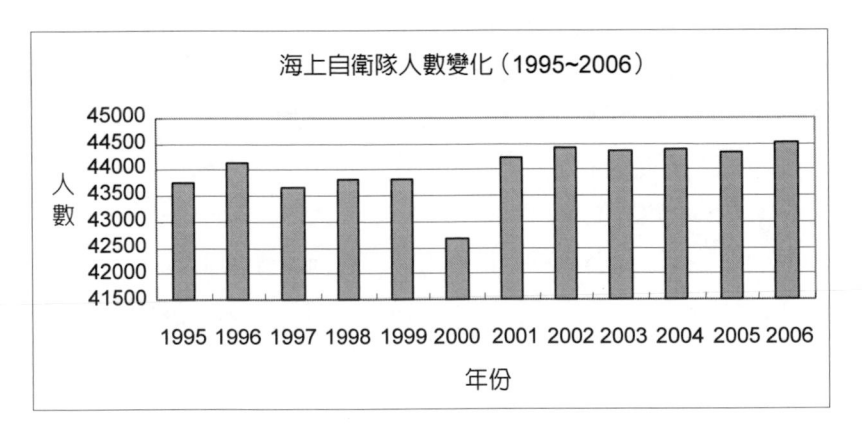

圖 6-6　海上自衛隊人數變化圖（1995~2006）[66]

---

[66] 資料取自各年度防衛白書網路版，以及 朝雲新聞社，《防衛ハンドブック》，
　　（東京都：朝雲新聞社，2006 年），頁 226。

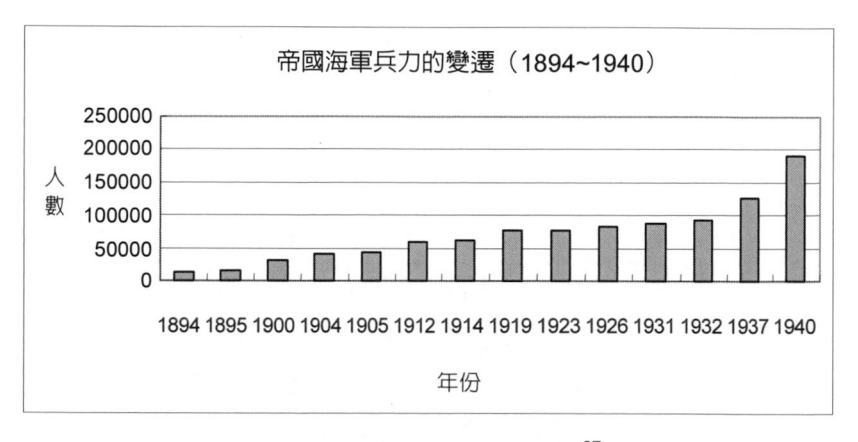

圖 6-7 帝國海軍兵力的變遷[67]

　　圖 6-6 是海上自衛隊員人數的變化圖。觀察海上自衛隊人數這十二年的變遷，我們可以發現人數都在 41000 到 45000 之間，並沒有任何大幅度的成長與變化，意味著並沒有大幅擴軍的打算。加上前一節提及自衛隊面對逐漸復甦的日本景氣，也面臨了招募上的困難。那麼，我們再看看圖 6-7 舊帝國海軍的兵員變遷。

　　首先，該資料顯示的年份為 1894 年到 1940 年。因為 1941 年時太平洋戰爭已經開打，兵員自然會增加，所以僅取 1940 年以前的數值做比較。綜觀這 40 多年來，帝國海軍的人員呈現了直線上升的情形，這便意味者海軍在這幾年內迅速地擴張與壯大。

　　當然雙方之間有著徵兵與募兵上的差異，但是這個比較可以讓我們瞭解到海上自衛隊並不是一個在人數上急速上升的組織。也許有人會認為海自武裝精良，不需要太多人便可以進行軍國主義侵

---

[67] 山田朗，《軍備拡張の近代史－日本軍の膨張と崩壊》，（東京都：吉川弘文館，2003 年），頁 9。

略。但這樣的論點所帶有的也只是感情上的因素而已，畢竟人手不夠，就沒辦法操縱足夠的船隻，自然無法擴大艦隊的編制。至少在這幾年的資料來看，並不能發現任何擴張的跡象。

在人事方面上還有一個極大的不同，那就是自衛隊的殉職人員並不會進入「靖國神社」內合祀。自衛從其前身警察預備對成立的1950 年到 2006 年為止，一共有 1777 名人員因為訓練或是公務中的意外而死亡，但是沒有一個人進入靖國神內。因此，祭祀這些殉職者的場所就變成了在防衛省內設立的「殉職者慰靈碑」，他是由自衛官以及互助會的人於 1962 年建立、並於 1980 重建[68]。

接下來就比較雙方花在軍事預算上的差異。圖 6-8 顯示自衛隊從 1995 年以來防衛預算佔總預算的比例。該比例始終維持在 5%~6%之間，並沒有佔用太多的預算。而圖 6-9 顯示 1929~1940 年之間帝國陸海軍軍事預算與總預算的比例，我們可以發現該軍費比例佔有相當大的部分。

而圖 6-9 的軍事費用還只是一般的預算數字，若是加上所謂的臨時軍事費（戰費）則光是 1937 年的費用就佔了實際預算的69.12%，1940 年更是達到 72.36%[69]。所以至少我們能說自衛隊的防衛費在總預算內並沒有大幅地增加的跡象。

以上從軍人與政治的關係、軍政與軍令的關係、人員與預算之間的比較，我們發現自衛隊或者是海上自衛隊所處個環境與當年帝國海軍已經不太一樣。我們瞭解到有軍事背景的人不能當內閣成員，軍令沒有高於軍政反而從屬於內閣之下對內閣負責，以及海自

---

[68] 井上和彥，《国防の真実》，頁 263。
[69] 山田朗，《軍備拡張の近代史》，頁 10。

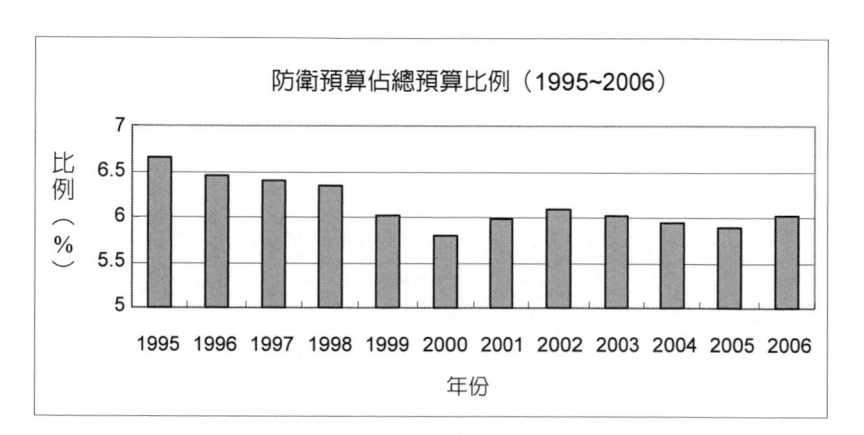

圖 6-8　自衛隊防衛預算佔總預算比例[70]

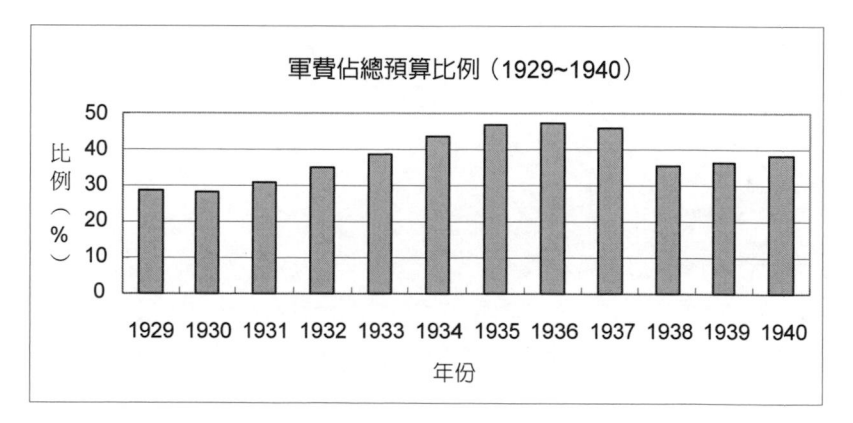

圖 6-9　帝國陸海軍時代軍事預算比例[71]

---

[70] 資料來自：朝雲新聞社，《防衛ハンドブック》，頁 324-325。
[71] 山田朗，《軍備拡張の近代史》，頁 10。

在人數上並沒有大幅擴張、防衛預算也無大幅增加。因此，要說海上自衛隊要走回軍國主義的老路子，似乎較不適當。

　　總結來說，海上自衛隊所處的政治環境已經不如過去帝國海軍的政治環境那樣，可以提供其參與或干預政治的基礎。所以要說海上自衛隊有任何軍國主義復甦的跡象，那可能是較不適當的解釋。

結　論

　　在經過研究之後，我們要試著去回答於緒章中所提出的幾個問題，並且為此研究做一個結論。

一、用「追求普通國家」去解釋日本冷戰後軍事轉變是合理的

　　這是一個合理的假設。本論文於第三章說明過，日本自 1990 年的波灣戰爭後便開始積極地改變自己的軍事能力與相關法律。雖然日本在軍事以外的「普通國家化」行動是比較容易被鄰近國家所接受，但若是牽扯到與軍事有關的轉變行為，則比較敏感。因此在這種普通國家化過程當中，人們自然容易流於純粹軍事的轉變，而忽略了更大、更廣的「廣義普通國家化」。

　　至少在本文中以「追求普通國家」這個角度去解釋海外派兵、國土防衛等議題上，比使用「軍國主義復甦」這樣的角度來的合情合理。因此該假設並沒有與事實偏離太遠，是個合理的解釋。

二、海上自衛隊在國家戰略下扮演著比以前更積極、範圍更廣的角色

　　海上自衛隊在國家戰略下所扮演的角色有兩種，第一是使用軍事力提供非軍事上的支援如：國際貢獻、國際救災，好讓世界各國相信日本是一個與二戰時不一樣的國家，也就是達到其政治上最高的目標：普通國家化。第二，在防衛本國國土時，海上自衛隊也在彈道飛彈防禦、領海防衛、周邊有事上扮演更多功能的角色。第二個角色是一國的軍隊理所當然具備的功能，而第一個角色則比較受人關注，也被許多不了解的人指責為「軍國主義」的行動。但總而言之，在國家戰略目標下，海自的功能被擴大：從過去不能參與海外活動以及不健全的防衛功能，漸漸地朝普通國家應有的軍隊功能邁進。

　　在扮演這種角色時，受到國際環境的影響，海上自衛隊必然有所轉變以配合環境的需求。這樣的轉變主要在於擁有比過去更多自由的活動空間。比如在過去是無法使用自衛隊船艦進行撤僑的工作，而且也無法派兵海外。但是在經過這數十年的轉變之後，海上自衛隊不但可以出動船隻進行撤僑，也可以擔任國際救災（如：土耳其地震、南亞大海嘯等）。

　　也就是說，這種轉變是一種對國際政治大環境下的反應，海上自衛隊逐漸建構出一個普通國家軍隊應該有的樣子、應該有的行為。這種轉變也並非漫無目的，它最終仍然必須服從國家戰略的最高指導原則與目標。從這點來看，的確能夠反映出日本追求普通國家的改變。

因此，在國家戰略之下，海上自衛隊一邊扮演著替日本建立良好形象、替「普通國家」鋪路的角色；同時也一邊補足它過去在國土防衛上所缺乏的機能。它最大的轉變就是他獲得相當大的「行動自由」，可以在政府需要時提供其力量完成政府的政策，不論是國內或國外。

三、海上自衛隊的海外派遣活動並不是軍國主義行為

如同在第五章所提及的，許多人在聽到日本要派遣自衛隊前往海外之時，多半如同驚弓之鳥一般，深怕軍國主義再度復活。因此也才有什麼要求組成共同安全會議、圍堵日本軍國主義這樣天馬行空的意見。

事實上本文研究的結果顯示，海上自衛隊的海外派遣只是反應日本追求普通國家的其國家戰略下的一環而已，並不帶有任何侵略與軍國主義性質。本文第四、第五章考察了海上自衛隊在土耳其、柬埔寨、印尼亞齊省、印度洋等地的作為，並沒有發現任何軍國主義的行為如：侵略、屠殺、殖民等活動。故其實海上自衛隊的海外活動僅僅是作為一個普通國家、一個經濟大國、地球一份子的行為而已，著實與軍國主義毫無任何關係。

若比較過去的帝國海軍也可以發現，雖然兩者都有在海外從事任務，但實際上兩者所執行的任務在性質上有著極大的差異。海上自衛隊在海外執行的任務多半分為三種：聯合國架構下的 PKO、國際性救災與人道復興、對反恐活動的支援。而這些活動都不具有與過去相同的軍國主義特質。故海上自衛隊的海外活動並非完全是軍國主義的復甦。

四、海上自衛隊與帝國海軍最大差異在於政體性質

　　海上自衛隊與帝國海軍的差異有數點，但最主要的則是雙方政治體制不同。海上自衛隊是在一個文民統制的結構下的軍事組織，海自隊員不能成為內閣閣員，而海自的指揮權也是由文人擔任的防衛大臣所擁有。而舊帝國海軍成員不但可以當上內閣（海軍大臣），同時更能當上首相，而負責軍令的海軍軍令部也直屬天皇，不需要向國會負責。

　　另外，在人員編制上、預算上，海自都沒有呈現過渡的膨脹與擴張，這點與舊海軍相反。舊海軍自成立以來便不斷的增加兵員，整體的軍事預算也佔國家預算相當多的部分。最後、海上自衛隊殉職的人員並沒有入祀在靖國神社，反而是在沒有任何宗教意識的「殉職者慰靈碑」。所以海上自衛隊在政治環境與資源分配上並不如舊帝國海軍，而這也說明了海上自衛隊、甚至是自衛隊並沒有執行軍國主義行動的基礎。表 7-1 列出了這幾點的差異。

　　綜合四個觀點，本文最後的結論是：海上自衛隊近十年來的轉變，並不是自發性的軍國主義擴張，而是反映出日本「普通國家化」的國家戰略目標。而海上自衛隊並不如過去帝國海軍一樣具有執行軍國主義的基礎。海自的行動沒有脫離政治的控制，也不曾偏離國家戰略目標。我們看待海自的轉變，必須要以「普通國家」這個角度去看，而非單單只有情緒上、偏見上的看法。

　　其實，本文雖然有數萬字之多，但中心概念仍然只有一個：『日本海上自衛隊參與國際事務（如 PKO、救災與反恐）與擴大防衛功能，其實是反映了日本自波灣戰爭後追求普通國家化的政策。』而海上自衛隊也不如帝國海軍那樣擁有政治地位，所以也不可能干涉

政治。因此，當我們在研究日本軍事轉變時，不要僅僅採取單純「軍事」的角度，也要從整體的國家戰略來思考，才能得到比較正確的思維。

表 7-1　海自與海軍差異表

	海上自衛隊	帝國海軍
軍人干政	以文民統制為基礎，有軍職者不得擔任內閣。	軍人可以擔任內閣職務，包括了陸軍省、海軍省。同時軍人也可以擔任首相。
軍政與軍令	軍政與軍令地位相等，均受防衛大臣節制。而防衛大臣屬內閣成員，要對國會負責。	軍令直屬於天皇，由陸軍參謀本部和海軍軍令部掌控。軍政則屬於內閣，由陸軍省與海軍省掌控。軍令不對國會負責。
人數成長	近十幾年來都在 44000 人左右擺盪，無太大的變動。	從 1894 年後人數大幅上升，每年都呈現成長的趨勢。
預算	近十幾年來，自衛隊的預算佔國家總預算的 6.5%左右。	自 1931 年起，軍事預算都在 30%以上，甚至快接近 50%。
慰靈	防衛省內的「殉職者慰靈碑」	戰死者入祀靖國神社
海外活動性質	聯合國架構下的 PKO、國際性救災活動、反恐活動	大多進行與清國、中國、帝俄、蘇聯、英國、美國之間的戰爭行為。

製表者：趙翊達（2007/6/8）

參考資料

中文書籍

Beaufre, Andre 著，鈕先鍾譯，《戰略緒論》。台北：麥田出版社，
　　1996 年。

Bernard D. Cole，翟文中、羅倩宜譯，《海上長城－走向二十一世紀
　　的中國海軍》，台北縣：老戰友文化事業有限公司，2006 年。

Clausewitz, Carl von，Roger Ashley Leonard 編，鈕先鍾譯，《戰爭論
　　精華》。台北市：麥田出版社，1999 年。

Clausewitz, Karl von，楊南方等譯，《戰爭論》。台北：貓頭鷹出版社，
　　2001 年。

Jomini, Antoine H.，鈕先鍾譯，《戰爭藝術》。台北市：麥田出版社，
　　1996 年。

Kennedy, Paul 編，時殷弘、李慶四譯，《戰爭與和平的大戰略》。北
　　京：世界知識出版社，2005 年。

Liddell-Hart，鈕先鍾譯，《戰略論：間接路線》。台北市：麥田出版
　　社，1999 年。

Rosecrance, Richard and Arthur A. Stein 主編，劉東國譯。《大略的國
　　內基礎》，北京：北京大學出版社，2005 年 7 月。

中華戰略學會，《認識戰略》。台北市：中華戰略學會，1997。

日本岡崎研究所彈道飛彈防禦小組，曾祥穎譯。《新核武戰略及日本彈道飛彈防禦》，台北市：史政編譯室，2004年。

王少普，吳寄南著，《戰後日本防衛研究》。上海：人民出版社，2003年。

王埕，《日本對華 ODA 的戰略思維及其對中日關係的影響》。北京：中國社會科學出版社，2005年。

包霞琴，臧志軍主編，《變革中的日本政治與外交》。北京：時事出版社，2003年。

吳寄南，陳鴻斌，《中日關係瓶頸論》。北京：時事出版社，2004年。

呂耀東，《冷戰後日本的總體保守化》。北京：中國社會科學出版社，2004年。

李建民，《冷戰後日本的普通國家化與中日關係的發展》。北京：中國社會科學出版社，2005年。

徐家仁，《彈道飛彈與彈道飛彈防禦》，初版。北市：麥田出版社，2003年。

桃井真著，國防部史政編譯局譯，《2001年日本軍力》。台北：國防部史政編譯局，1999年。

國防部史政編譯局，《美日聯盟－過去、現在與未來》，台北市：國防部史政編譯局，2001年。

國防部史政編譯局，《戰前之大本營海軍部》，日軍對華作戰紀要叢書，國防部史政編譯局，1990年。

國防部史政編譯室，《2003日本防衛白皮書》。台北市：國防部史政編譯室，2005年。

常鳳台，《薄富爾戰略思想之研究》。碩士論文，私立淡江大學戰略研究所，民國93年。

張雅麗，《戰後日本對外戰略研究》。浙江：浙江人民出版社，
　　2002 年。

陳雲章，《印度大國戰略之研究》。淡江大學國際事務與戰略研究所，
　　碩士論文，民國 93 年 6 月。

鈕先鍾，《西方戰略思想史》。台北市：麥田出版社，1995 年。

鈕先鍾，《戰略研究入門》。台北：麥田出版社，1998 年。

樊勇明、談春蘭，《日本的大國夢》。台北市：五南出版社，1993 年。

中文期刊

李玉君、舒泰峰，〈尼克松對華緩和政策與均勢外交戰略的建構〉，《蘭
　　州大學學報》，33 卷 2 期，2005 年 5 月，頁 65-70。

寒丁，〈「海上警備行動」的背後〉，《當代海軍》，4 期，1999 年，頁
　　11-12。

日文書籍

しもみち直紀，《これでいいのか日本の外交、防衛》。東京都：大
　　村書店，2005 年。

小浜裕久，《日本の国際貢献》。東京都：勁草書房，2005 年。

山田朗，《軍備拡張の近代史－日本軍の膨張と崩壊》。東京都：吉
　　川弘文館，2003 年），頁 9。

山田朗，《護憲派のための軍事入門》。東京都：花伝社，2005 年。

丸茂雄一，《公益的安全保障－国民と自衛隊》，初版。東京都：大
　　学図書，2006 年。

中島信吾，《戦後日本の防衛政策》。東京都：慶応大学出版会株式
　　会社，2006 年。

井上和彦，《国防の真実－こんなに強い自衛隊》。東京都：株式会
　　社双葉社，2007 年。

五百旗頭真編，《戦後日本外交史》，東京：株式会社有斐閣，
　　1999 年。

古関彰一，《憲法九条はなぜ制定されたか》。東京都：岩波書店，
　　2006 年。

永井和，《近代日本の軍部と政治》。京都市：思文閣，1993 年。

田所昌幸、城山英明，《国際機関と日本》。東京都：日本経済評論
　　社，2004 年。

吉田裕，《日本の軍隊》。東京都：岩波書店，2003 年。

佐道明広，《戦後政治と自衛隊》。東京都：吉川弘文館，2006 年。

志方俊之編，《面白いほどよくわかる自衛隊》。東京都：日本文芸
　　社，2004 年。

宮下明聡、佐藤洋一郎編，《現代日本のアジア外交》。京都：ミネ
　　ルヴァ書房，2004 年。

財団法人ディフェンス リサーチ センター。《国際軍事データ
　　2006-2007》，東京都：朝雲新聞社，2006 年。

高貫布士編，《自衛隊》。東京都：ナツメ社，2004 年。

梅田正己，《非戦の国が崩れゆく》。東京都：株式会社高文研，
　　2004 年。

梅林道宏，《在日米軍》。東京都：岩波書店，2002 年。

朝日新聞自衛隊 50 年取材班，《自衛隊－知られざる変容》。東京
　　都：朝日新聞社，2005 年。

朝雲新聞社編，《防衛ハンドブック 2006》。東京都：朝雲新聞社，
　　2006 年。

渡辺利夫、三浦有史，《ODA（政府開発援助）》。東京都：中央公
　　論新社，2003 年。

愛敬浩二，《改憲問題》。東京都：筑摩書房，2006 年。

熊谷直，《帝国陸海軍の基礎知識》。東京都：光人社，2007 年。

増田弘，《自衛隊の誕生－日本の再軍備とアメリカ》。東京都：中
　　央公論新社，2004 年。

学習研究社，《大人のドリル イチからわかる 日本国憲法》。東京
　　都：学習研究社，2004 年。

学習研究社，《海上自衛隊パーフェクトガイド》，東京：学習研究
　　社，2005 年。

浅井基文，《集団的自衛権と日本国憲法》。東京都：集英社，
　　2002 年。

纐纈厚，《文民統制－自衛隊はどこへいくのか》。東京都：岩波書
　　店，2005 年。

日文期刊

〈ミサイル艇「はやぐさ」型〉，《世界の艦船七月号増刊：海上自
　　衛隊 2005-2006》，645 期，2005 年 7 月，頁 64。

〈掃海艇「うわじま」型〉，《世界の艦船 7 月号増刊：海上自衛隊
　　2006-2007》，661 期，2006 年 7 月，頁 58

〈補給艦「とわだ」型〉，《世界の艦船 7 月号増刊：海上自衛隊
　　2006-2007》，661 期，2006 年 7 月，頁 94-95。

〈補給艦「ましゅう」型〉，《世界の艦船 7 月号增刊：海上自衛隊 2006-2007》，661 期，2006 年 7 月，頁 93。

〈護衛艦「7700 トン」型〉，《世界の艦船七月号增刊：海上自衛隊 2005-2006》，645 期，2005 年 7 月，頁 20-21。

〈護衛艦『あさぎり』型〉，《世界の艦船 7 月号：海上自衛隊 2006-2007》，661 期，2006 年 7 月，頁 38-39。

〈護衛艦『しらね』型〉，《世界の艦船 7 月号增刊：海上自衛隊 2005-2006》，645 期，2005 年 7 月，頁 16。

〈護衛艦『はつゆき』型〉，《世界の艦船 7 月号增刊：海上自衛隊 2006-2007》，661 期，2006 年 7 月，頁 42。

〈護衛艦やまぐも型〉，《世界の艦船 7 月号增刊：海上自衛隊 2005-2006》，645 期，2005 年 7 月，頁 41。

《世界の艦船七月号增刊：海上保安庁全船艇史》，613 期（2003 年 7 月）。

山崎真，〈ここまで来たミサイル防衛 その最新技術〉，《世界の艦船》，670 期，2007 年 2 月，頁 82-87。

山崎真，〈日の丸 DD（X）と JLCS〉，《世界の艦船》，650 期，2005 年 11 月，頁 90-95。

世界の艦船編集部，〈注目の新型艦〉，《世界の艦船》，668 期，2007 年 1 月，頁 140-145。

加藤健二郎，〈日米同盟軍なら自衛隊はこう変えろ！〉，《別冊宝島 Real：自衛隊「戦争」解禁》，23 期，2001 年 11 月，頁 75-90。

谷道健太，〈有事法制と自衛隊の戦時体制〉，《別冊宝島：図説自衛隊・対北朝鮮軍事シミュレーション》，806 期，2003 年 7 月，頁 53-66。

岡部いさく，〈MD 対応型イージス艦のハードとソフト〉，《世界の艦船》，650 期，2005 年 11 月，頁 84-89。

金田秀昭，〈海上自衛隊の現況と将来〉，《世界の艦船 7 月号増刊：海上自衛隊 2005－2006》，645 期，2005 年 7 月，頁 145-151。

島田康弘，〈陸上自衛隊、南進ス！〉，《宝島別冊：自衛隊 vs 中国軍》，1190 期，2005 年 9 月，頁 81-95。

梅野和夫、阿部安雄，〈潜水艦『うずしお』：涙滴型潜水艦の先達〉，《世界の艦船 10 月号増刊：自衛艦史を彩った 12 隻》，617 期，2003 年 10 月，頁 122-131。

清水龍雄，〈戦略学序説Ⅰ〉，《豊橋短期大学研究紀要》，12 期（1995 年），頁 207-214。

勝山拓，〈海上自衛隊は対北制裁で何ができるか〉，《世界の艦船》，670 期，2007 年 2 月，頁 76-81。

福好昌治，〈「防衛省」昇格で自衛隊はどうかわるか〉，《丸》，60 巻 2 期，2007 年 2 月，頁 55-63。

黒井文太郎，〈有事法・周辺事態法は戦争準備の法律か？〉，《宝島別冊 Real：自衛隊の『戦争』解禁》，23 期，2001 年 11 月，頁 223-233。

英文書籍

Beaufre, Andre. Strategy of Action. Translated by R.H. Barry. New York: Frederick A. Praeger, 1967.

Clausewitz, Carl von. On War. Translated by Michael Howard and Peter Paret. New Jersey: Princeton University Press, 1984.

Earle, Edward Mead. introduce to Makers of Modern Strategy, ed., Edward Mead Earle. Princeton: Princeton University Press, 1973.

Gray, Colin S. Modern Strategy. Oxford: Oxford University Press, 1999.

Ikenberry, G. John and Takeshi Inoguchi, ed. Reinventing the Alliance. New York: PALGRAVE MACMILLAN, 2003.

英文期刊

"Constitutional talk." Economist 350, no.8108 (Feb 27 1999): 25.

"Japan to cover 20% of new reactors' costs in N. Korea," Japan Times 34, no.60 (Oct 1994): 1.

Bosquillon, Christophe."East Asia between economic integration and military destabilization: US and Japanese viewpoints." The Journal of Social, Political, and Economic Studies 24, no.4 (Winter 1999): 403-445.

Brown, Nick and Stephen Trimble and Nick. "US and Japan celebrate ballistic missile intercept," Jane's Defense Weekly, 28 June 2006, 8.

Carnes Lord. "Dictionnaire de Stratégie (Book)." Naval War College Review 56, no.2 (2003): 161-162

Green, Fred. "The Unite State and Asia in 1981." Asian Survey 22, no.1 (Jan., 1982): 1-12.

Hardacer, Helen "Constitutional Revision and Japanese Religions." Japanese Studies 25, no.3 (Dec 2005): 235-247.

Jeffery Bracker. "The Historical Development of the Strategic Management Concept." The Academy of Management Review 5, no.2 (Apr 1980): 219-224

Kajimoto, Tetsushi. "Troubled waters." Japan Times 38, no.11 (Mar 16-22, 1998): 7

Kolodziej, Edward A. "French Strategy Emergent: General Andre Beaufre: A Critique." World Politics 19, no.3 (Apr 1967): 417-442.

Leheny, David. "Tokyo confronts terror." Policy Review, no.111 (Dec 2001-Jan 2002): 37-48.

Morris, Jefferson. "MDA director 'confident' of capability against long-range missiles." Aerospace Daily & Defense Report 218, no.60 (Jun 26, 2006): 3.

Singh, Bhubhindar. "Japan's post-Cold War security policy: Bringing back the normal state." Contemporary Southeast Asia 24, no.1 (Apr 2002): 82-106.

Smith, Charles. "Disappointing debut: Japan's effort to promote ceasefire inconclusive." Far Eastern Economic Review 148, no.24 (Jun 14 1990): 12.

Wallensteen, Peter. "American-Soviet Detente: What Went Wrong." Journal of Peace Research 22, no.1 (Mar., 1985): 1-8.

Xiao Ding."Politics surrounding the Tsunami." Beijing Review 48, no.8 (Feb 24 2005): 14.

Zan Jifang."Japan overseas military action arouses concern." Beijing Review 144, no.46 (2001): 10.

網路資源

"Strategy", Wikipedia. http://en.wikipedia.org/wiki/Strategy (2007/6/6)

"Ballistic Missile Defense," http://www.centennialofflight.gov/essay/ SPACEFLIGHT/missile_defense/SP39.htm (2007/5/29)

"Standard Missile - Standard SM-3 Block IA," http://www.deagel.com/ Anti-Platform-Missiles/Standard-SM-3-Block-IA_a001148009.asp x (2007/5/29)

〈「安全保障と防衛力に関する懇談会」報告書〉，http://www.kantei. go.jp/jp/singi/ampobouei/dai13/13siryou.pdf (2007/5/26)

〈1976 年防衛白書〉網路版，http://jda-clearing.jda.go.jp/hakusho_data/ 1976/w1976_02.html (2007/5/22)

〈LGP タンカー第 10 雄洋丸とリベリア貨物船が衝突炎上、死者 33 人〉，http://www.nishinippon.co.jp/saigai/html/1974/s197411.html (2007/5/29)

〈イラクにおける人道復興支援活動と安全確保支援活動など〉， http://www.clearing.mod.go.jp/hakusho_data/2004/2004/html/1641 23.html (2007/5/29)

〈インドネシア・スマトラ島沖大規模地震及びインド洋津波に 際しての国際緊急援助活動〉，http://www.clearing.mod.go.jp/ hakusho_data/2005/2005/html/17415300.html (2007/5/29)

〈しらね型護衛艦〉，http://ja.wikipedia.org/wiki/%E3%81%97%E3% 82%89%E3%81%AD%E5%9E%8B%E8%AD%B7%E8%A1%9B %E8%89%A6 (2007/5/29)

〈テロ対策特措法と基本計画の概要〉，http://www.clearing.mod.go.
　jp/hakusho_data/2006/2006/html/i5133000.html (2007/5/29)

〈テロ対策特措法に基づく活動〉，http://www.clearing.mod.go.jp/
　hakusho_data/2002/column/frame/ak143001.htm (2007/5/29)

〈トルコ共和国における国際緊急援助活動に必要な物資の輸
　送〉，http://www.clearing.mod.go.jp/hakusho_data/2000/honmon/
　frame/at1204020202.htm (2007/5/29)

〈やまぐも型護衛艦〉，Wikipedia 日文版。 http://ja.wikipedia.org/
　wiki/%E3%82%84%E3%81%BE%E3%81%90%E3%82%82%E5
　%9E%8B%E8%AD%B7%E8%A1%9B%E8%89%A6 (2007/5/22)

〈ロシア連邦カムチャッカ半島のロシア潜水艇事故に際しての国
　際緊急援助活動〉，http://www.clearing.mod.go.jp/hakusho_data/
　2006/2006/html/i5154000.html (2007/5/29)

〈不審船〉，Wikipedia 日文版，http://ja.wikipedia.org/wiki/%E4%B8%
　8D%E5%AF%A9%E8%88%B9 (2007/5/29)

〈不審船及び武装工作員などにより適切に対処するための自衛隊法
　などの改正〉，《2002 年防衛白書》網路版。http://jda-clearing.jda.go.
　jp/hakusho_data/2002/honmon/frame/at1403020104.htm (2007/5/29)

〈日本国とアメリカ合衆国との間の相互協力及び安全保障条
　約〉，http://www.ioc.u-tokyo.ac.jp/~worldjpn/documents/texts/docs/
　19600119.T1J.html (2005/5/29)

〈日米協同訓練実績等〉，《1976 年防衛白書》網路版，
　http://jda-clearing.jda.go.jp/hakusho_data/1976/w1976_9109.html
　(2007/5/29)

〈日米船舶貸借協定〉，http://www.ioc.u-tokyo.ac.jp/~worldjpn/
　documents/texts/JPUS/19521112.T1J.html (2007/5/29)

〈好景気と海外派遣で高卒自衛官採用大苦戦〉，《J-CAST ニュー
　ス》，2007 年 03 月 03 日。http://news.livedoor.com/article/detail/
　3056851/ (2007/5/28)

〈自衛隊法第八十二条の二〉，《2005 年防衛白書》網路版，
　http://jda-clearing.jda.go.jp/hakusho_data/2005/2005/html/17s7100
　0.html (2007/5/29)

〈改憲賛成が 9 年連続で過半数、「自衛組織」明記 71%〉，《讀賣新
　聞網路版》，2006 年 4 月 3 日。http://www.yomiuri.co.jp/feature/
　fe6100/news/20060403it11.htm (2007/5/28)

〈防衛力整備目標について〉，http://www.ndl.go.jp/horei_jp/kakugi/
　txt/txt01273.htm (2007/5/29)

〈海上保安庁が確認した過去の不審船・工作船事例〉，http://www.kaiho.
　mlit.go.jp/info/books/report2003/special01/01_02.html (2007/5/29)

〈掃海母艦「はやせ」〉，http://military.sakura.ne.jp/navy2/mst_hayase.
　htm (2007/5/29)

〈野村吉三郎〉，Wikipedia 日文版。http://ja.wikipedia.org/wiki/%E9%
　87%8E%E6%9D%91%E5%90%89%E4%B8%89%E9%83%8E
　(2007/5/29)

〈朝鮮戦争における対機雷戦〉，http://www.dii.jda.go.jp/msdf/mf/
　special4.htm (2007/5/22)

〈新型イージス艦が完成／海上自衛隊の「あたご」〉，《四国新聞網
　路版》。http://www.shikoku-np.co.jp/national/social/ article.aspx? id=
　20070315000182 (2007/3/16)

〈憲法「改正」贊成 46%、3 年連続で減少…読売調査〉，《讀賣新
　　聞網路版》，2007 年 4 月 5 日。http://www.yomiuri.co.jp/feature/
　　fe6100/news/20070405it11.htm (2007/5/28)

〈輸送艦 LST4101　あつみ型〉，http://www1.cts.ne.jp/~fleet7/Jmsdft/
　　JMSDFtLST4101.html (2007/5/29)

〈輸送艦「みうら」型〉，http://military.sakura.ne.jp/navy2/lst_miura.
　　htm (2007/5/29)

〈環太平洋合同演習〉，Wikipedia 日文版。http://ja.wikipedia.org/wiki/
　　%E7%92%B0%E5%A4%AA%E5%B9%B3%E6%B4%8B%E5%
　　90%88%E5%90%8C%E6%BC%94%E7%BF%92 (2007/5/29)

〈聯合國憲章〉，Wikisource。http://zh.wikisource.org/wiki/%E8%
　　81%AF%E5%90%88%E5%9C%8B%E6%86%B2%E7%AB%A0
　　(2007/5/29)

〈艦載武器〉，http://ited.yingwa.edu.hk/~ywc-011132/weapon.htm
　　(2007/5/29)

〈護衛艦 DDK113　やまぐも 型〉，http://csx.jp/~fleet7/Jmsdft/JMSDFt
　　DDK113.html (2007/5/29)

〈護衛艦 DE215　ちくご 型〉，http://csx.jp/~fleet7/Jmsdft/JMSDFtDE
　　215.html (2007/5/29)

〈護衛艦「ちくご」型〉，http://military.sakura.ne.jp/navy2/de_tikugo.
　　htm (2007/5/29)

〈国際緊急援助隊制度の沿革〉，http://www.mofa.go.jp/mofaj/gaiko/oda/
　　shiryo/hyouka/kunibetu/gai/k_enjyo/ke03_01_0201.html (2007/5/29)

〈弾道ミサイル防衛システムの整備等について〉，《2005 年防衛白書》網路版：http://jda-clearing.jda.go.jp/hakusho_data/2005/2005/html/17s35000.html (2007/5/29)

〈経営戦略論の補足資料〉，www.ipc.shizuoka.ac.jp/~jeaitou/MI2004-02-c.pdf (2007/5/21)

《1977 年防衛白書》網路版，http://jda-clearing.jda.go.jp/hakusho_data/1977/w1977_02.html (2007/5/29)

《1978 年防衛白書》網路版，http://jda-clearing.jda.go.jp/hakusho_data/1978/w1978_03.html (2007/5/22)

《1979 年防衛白書》網路版，http://jda-clearing.jda.go.jp/hakusho_data/1979/w1979_03.html (2007/5/29)

《1986 年防衛白書》網路版，http://jda-clearing.jda.go.jp/hakusho_data/1986/w1986_03.html (2007/5/29)

《1987 年防衛白書》網路版，http://jda-clearing.jda.go.jp/hakusho_data/1987/w1987_03.html (2007/5/29)

《1988 年防衛白書》網路版，http://jda-clearing.jda.go.jp/hakusho_data/1988/w1988_03.html (2007/5/29)

《1993 年防衛白書》網路版，http://www.clearing.mod.go.jp/hakusho_data/1993/w1993_03.html (2007/5/29)

「日本国憲法第 66 条」，http://www.ndl.go.jp/constitution/etc/j01.html#s5 (2007/5/28)

Richard A. Bitzinger, "Asia-Pacific Missile Defense Cooperation and the United State 2004-2005: A Mixed Bag," The Asia-Pacific and the United States 2004-2005, ed. Satu Limaye, n.p. 2005.

http://www.apcss.org/Publications/SAS/APandtheUS/BitzingerMis sile1.pdf (2007/5/29).

日本財務省的預算書：http://www.mof.go.jp/jouhou/syukei/syukei.htm (2007/5/26)

岡部いさく，〈第 3 回「『テポドン発射』と『弾道ミサイル迎撃』を結ぶ糸」〉。http://bizplus.nikkei.co.jp/colm/okabe.cfm?i=20060705 ci000ci&p=3 (2007/5/29)

長谷川千秋，〈マスコミの憲法世論調査の読み方〉。http://homepage2. nifty.com/hikaku-kyoto/seron.html (2007/5/28)

海上保安資料管 橫濱館，http://gunnzihyouronn.web.fc2.com/kousaku/ kousakusenn.htm (2007/5/25)。

國家圖書館出版品預行編目

日本海上自衛隊：國家戰略下之角色 / 趙翊達
作. -- 一版 -- 臺北市：秀威資訊科技,
2008.03
　面；　公分. -- (社會科學；PF0027)
參考書目；面
ISBN 978-986-6732-91-1 (平裝)

　1. 自衛隊　2. 國家戰略　3. 日本

597.931　　　　　　　　　　97004660

 社會科學類　PF0027

日本海上自衛隊：國家戰略下之角色

作　　者 / 趙翊達
發 行 人 / 宋政坤
執行編輯 / 賴敬暉
圖文排版 / 鄭維心
封面設計 / 莊芯媚
數位轉譯 / 徐真玉　沈裕閔
圖書銷售 / 林怡君
法律顧問 / 毛國樑　律師
出版印製 / 秀威資訊科技股份有限公司
　　　　　台北市內湖區瑞光路 583 巷 25 號 1 樓
　　　　　電話：02-2657-9211　　傳真：02-2657-9106
　　　　　E-mail：service@showwe.com.tw
經 銷 商 / 紅螞蟻圖書有限公司
　　　　　台北市內湖區舊宗路二段 121 巷 28、32 號 4 樓
　　　　　電話：02-2795-3656　　傳真：02-2795-4100
　　　　　http://www.e-redant.com

2008 年 3 月 BOD 一版
定價：320 元

・請尊重著作權・
Copyright©2008 by Showwe Information Co.,Ltd.

讀　者　回　函　卡

感謝您購買本書，為提升服務品質，煩請填寫以下問卷，收到您的寶貴意見後，我們會仔細收藏記錄並回贈紀念品，謝謝！

1.您購買的書名：＿＿＿＿＿＿＿＿＿＿＿＿＿＿＿＿＿＿

2.您從何得知本書的消息？

　　□網路書店　□部落格　□資料庫搜尋　□書訊　□電子報　□書店

　　□平面媒體　□ 朋友推薦　□網站推薦　□其他＿＿＿＿＿＿

3.您對本書的評價：(請填代號　1.非常滿意 2.滿意 3.尚可 4.再改進)

　　封面設計＿＿　版面編排＿＿　內容＿＿　文/譯筆＿＿　價格＿＿

4.讀完書後您覺得：

　　□很有收獲　□有收獲　□收獲不多　□沒收獲

5.您會推薦本書給朋友嗎？

　　□會　□不會，為什麼？＿＿＿＿＿＿＿＿＿＿＿＿＿＿＿＿

6.其他寶貴的意見：＿＿＿＿＿＿＿＿＿＿＿＿＿＿＿＿＿＿

＿＿＿＿＿＿＿＿＿＿＿＿＿＿＿＿＿＿＿＿＿＿＿＿＿＿＿

＿＿＿＿＿＿＿＿＿＿＿＿＿＿＿＿＿＿＿＿＿＿＿＿＿＿＿

＿＿＿＿＿＿＿＿＿＿＿＿＿＿＿＿＿＿＿＿＿＿＿＿＿＿＿

讀者基本資料

姓名：＿＿＿＿＿＿＿＿＿＿　年齡：＿＿＿＿　性別：□女 □男

聯絡電話：＿＿＿＿＿＿＿＿　E-mail：＿＿＿＿＿＿＿＿＿

地址：＿＿＿＿＿＿＿＿＿＿＿＿＿＿＿＿＿＿＿＿＿＿＿＿

學歷：□高中(含)以下　　□高中　　□專科學校　　□大學

　　　□研究所(含)以上 □其他＿＿＿＿＿＿＿＿

職業：□製造業 □金融業 □資訊業 □軍警 □傳播業 □自由業

　　　□服務業 □公務員 □教職　□學生 □其他＿＿＿＿＿

請 貼
郵 票

To：114

台北市內湖區瑞光路 583 巷 25 號 1 樓

秀威資訊科技股份有限公司　　　收

寄件人姓名：

寄件人地址：□□□

- -

(請沿線對摺寄回,謝謝!)

秀威與 BOD

BOD（Books On Demand）是數位出版的大趨勢，秀威資訊率先運用 POD 數位印刷設備來生產書籍，並提供作者全程數位出版服務，致使書籍產銷零庫存，知識傳承不絕版，目前已開闢以下書系：

一、BOD 學術著作—專業論述的閱讀延伸
二、BOD 個人著作—分享生命的心路歷程
三、BOD 旅遊著作—個人深度旅遊文學創作
四、BOD 大陸學者—大陸專業學者學術出版
五、POD 獨家經銷—數位產製的代發行書籍

BOD 秀威網路書店：www.showwe.com.tw
政府出版品網路書店：www.govbooks.com.tw

永不絕版的故事・自己寫・永不休止的音符・自己唱